MÉMORIAL

DES

SCIENCES MATHÉMATIQUES

PUBLIÉ SOUS LE PATRONAGE DE

L'ACADÉMIE DES SCIENCES DE PARIS

AVEC LA COLLABORATION DE NOMBREUX SAVANTS

DIRECTEUR :

Henri VILLAT

Correspondant de l'Académie des Sciences de Paris
Professeur à l'Université de Strasbourg

FASCICULE I.

Sur une forme générale des équations de la dynamique,

Par M. Paul APPELL,

Membre de l'Institut,
Recteur de l'Université de Paris.

PARIS

GAUTHIER-VILLARS ET Cⁱᵉ, ÉDITEURS

LIBRAIRES DU BUREAU DES LONGITUDES, DE L'ÉCOLE POLYTECHNIQUE,

Quai des Grands-Augustins, 55.

1925

MÉMORIAL

DES

SCIENCES MATHÉMATIQUES

74162-2' PARIS. — IMPRIMERIE GAUTHIER-VILLARS ET Cⁱᵉ,

Quai des Grands-Augustins, 55.

MÉMORIAL

DES

SCIENCES MATHÉMATIQUES

PUBLIÉ SOUS LE PATRONAGE DE

L'ACADÉMIE DES SCIENCES DE PARIS
AVEC LA COLLABORATION DE NOMBREUX SAVANTS

DIRECTION :

Henri VILLAT
Correspondant de l'Académie des Sciences de Paris
Professeur à l'Université de Strasbourg

FASCICULE I.

Sur une forme générale des équations de la dynamique,

Par M. Paul APPELL,
Membre de l'Institut,
Recteur de l'Université de Paris.

PARIS

GAUTHIER-VILLARS ET Cⁱᵉ, ÉDITEURS
LIBRAIRES DU BUREAU DES LONGITUDES, DE L'ÉCOLE POLYTECHNIQUE
Quai des Grands-Augustins, 55.

1925

AVERTISSEMENT

La Bibliographie est placée à la fin du fascicule, immédiatement avant la Table des Matières.

Les numéros en gros caractères, figurant entre parenthèses dans le courant du texte, renvoient à cette Bibliographie.

SUR UNE FORME GÉNÉRALE

DES

ÉQUATIONS DE LA DYNAMIQUE

Par M. Paul APPELL.

INTRODUCTION.

Il faut tout d'abord prendre ici le mot *dynamique* dans son sens ancien, dans le sens de Galilée, de Newton, de Lagrange, de d'Alembert, de Carnot, de Lavoisier, de Mayer.

« Peut-être, dit H. Poincaré dans son livre : *La valeur de la Science* (p. 231), devrons-nous construire toute une mécanique nouvelle que nous ne faisons qu'entrevoir, où, l'inertie croissant avec la vitesse, la vitesse de la lumière deviendrait un obstacle infranchissable. La mécanique vulgaire, plus simple, resterait une première approximation puisqu'elle serait vraie pour les vitesses qui ne seraient pas très grandes, de sorte qu'on retrouverait encore l'ancienne dynamique sous la nouvelle. Nous n'aurions pas à regretter d'avoir cru aux principes, et même, comme les vitesses trop grandes pour les anciennes formules ne seraient jamais qu'exceptionnelles, le plus sûr dans la pratique serait encore de faire comme si l'on continuait à y croire. Ils sont si utiles qu'il faudrait leur conserver une place. Vouloir les exclure tout à fait, ce serait se priver d'une arme précieuse. Je me hâte de dire, pour terminer, que nous n'en sommes pas là, et que rien ne prouve qu'ils ne sortiront pas de là victorieux et intacts. »

Les équations que nous avons en vue se rapportent donc à la mécanique classique d'aujourd'hui; elles s'appliquent, comme on le verra, quelle que soit la nature des liaisons, pourvu que les liaisons

soient réalisées de telle façon que l'équation générale de la dynamique soit exacte.

On verra que, pour obtenir ces équations, nous sommes obligés de
calculer l'énergie d'accélérations du système $S = \frac{1}{2} \Sigma m J^2$, c'est-à-
dire d'aller au second ordre de dérivation par rapport au temps. Si
l'on veut s'en tenir au premier ordre de dérivation, comme Lagrange,
on est conduit à des équations assez compliquées qui généralisent
celles de Lagrange (37), qu'on a appelées équations de Lagrange-
Euler : cette méthode a été étudiée d'abord par Volterra en 1898
(38 et 39); on pourra aussi consulter des mémoires de Tzénoff (46)
et de Hamel (47). Nous donnerons des applications à des questions
de mécanique rationnelle. Mais nous espérons que ces équations
pourront aussi être utilisées par les physiciens dans des cas où les
équations de Lagrange et les équations canoniques d'Hamilton qui
s'en déduisent ne sont plus applicables.

« Le mathématicien, d'après H. Poincaré, ne doit pas être pour le
physicien un simple fournisseur de formules : il faut qu'il y ait entre
eux une collaboration plus intime. »

Dans cet ordre d'idées il est important de rappeler que M. Édouard
Guillaume, de Berne, a appliqué les équations générales que nous
allons développer à différentes théories physiques (23 et 24).

Je suis d'accord avec Mach (Paris, librairie Hermann, 1904, traduction Émile Bertrand, avec une préface d'Émile Picard) quand il
dit (p. 465) qu'il n'existe pas de phénomène purement mécanique et
que tout phénomène appartient à toutes les branches de la Physique.
« L'opinion qui fait de la mécanique, ajoute-t-il, la base fondamentale
de toutes les autres branches de la physique, et suivant laquelle tous
les phénomènes physiques doivent recevoir une explication *mécanique*, est, selon nous, un préjugé. » Mais il faut chercher à expliquer
mécaniquement le plus de phénomènes physiques possible, quitte,
comme on l'a fait jusqu'ici, à faire ensuite rentrer ces phénomènes
dans la mécanique rationnelle et, à cet égard, la forme générale que
nous donnons aux équations embrasse plus de cas que la forme due à
Lagrange qui suppose que les liaisons peuvent s'exprimer en termes
finis, c'est-à-dire, d'après la terminologie employée par Hertz, que les
systèmes considérés sont holonomes. Or nous ne savons rien des liaisons réalisées, dans l'univers : « c'est, dit H. Poincaré, une machine

beaucoup plus compliquée que toutes celles de l'industrie et dont presque toutes les parties nous sont profondément cachées ». D'après le mathématicien anglais Larmor, c'est le principe de la *moindre action* qui paraît devoir subsister le plus longtemps. La forme générale que je vais exposer se rattache au contraire au principe de la *moindre contrainte* de Gauss (1, 2, 3, 4, 5, 45), dont Mach parle aux pages 343 et suivantes de l'Ouvrage cité. Il dit notamment :

« Les exemples que nous venons de traiter montrent que ce théorème *n'apporte pas de conception essentiellement nouvelle*.... Les équations du mouvement seront les mêmes (que par l'application directe de l'équation générale de la dynamique résultant de la combinaison du principe de d'Alembert et de l'équation du travail virtuel), comme on le voit d'ailleurs en traitant les mêmes problèmes par le théorème de d'Alembert, puis par celui de Gauss. »

Je pense que la valeur du principe de Gauss se trouve précisément dans cette identité.

L'opinion de Mach est d'ailleurs celle de Gauss lui-même, qui dit en exposant son théorème dans le Tome IV du *Journal de Crelle :*

« Le principe des vitesses virtuelles transforme, comme on sait, tout problème de statique en une question de mathématiques pures, et, par le principe de d'Alembert, la dynamique est, à son tour, ramenée à la statique. Il résulte de là qu'aucun principe fondamental de l'équilibre et du mouvement ne peut être essentiellement distinct de ceux que nous venons de citer et que l'on pourra toujours, quel qu'il soit, le regarder comme leur conséquence plus ou moins immédiate.

» On ne doit pas en conclure que tout théorème nouveau soit, pour cela, sans mérite. Il sera, au contraire, toujours intéressant et instructif d'étudier les lois de la nature sous un nouveau point de vue, soit que l'on parvienne ainsi à traiter plus simplement telle ou telle question particulière ou que l'on obtienne seulement une plus grande précision dans les énoncés.

» Le grand géomètre, qui a si brillamment fait reposer la science du mouvement sur le principe des vitesses virtuelles, n'a pas dédaigné de perfectionner et de généraliser le principe de Maupertuis, relatif à la *moindre action*, et l'on sait que ce principe est employé souvent par les géomètres d'une manière très avantageuse. »

Le grand géomètre, dont parle Gauss, est Lagrange. On trouvera les travaux de Lagrange *sur le principe de la moindre action* à la page 281 du premier volume de la troisième édition de la *Mécanique analytique*, revue, corrigée et annotée par J. Bertrand (Mallet-Bachelier, 1853).

Parmi les applications des équations générales, je dois çiter celles que M. Henri Beghin vient d'en faire aux compas gyrostatiques Anschütz et Sperry, dans une Thèse présentée en novembre 1922 à la Faculté des Sciences de Paris (29).

I. — NATURE DES LIAISONS.

1. **Systèmes essentiellement holonomes ou essentiellement non holonomes; ordre d'un système non holonome.** — Imaginons un système matériel, à k degrés de liberté, formé de n points de masse m_μ ($\mu = 1, 2, \ldots, n$) ayant pour coordonnées rectangulaires x_μ, y_μ, z_μ dans un trièdre d'axes orientés, animés, par rapport aux axes considérés comme fixes dans la mécanique classique, d'un mouvement de translation rectiligne et uniforme; les déplacements, les vitesses, les accélérations que nous considérerons sont des déplacements, des vitesses, des accélérations par rapport à ce trièdre.

Pour obtenir le déplacement virtuel le plus général du système compatible avec les liaisons existant à l'instant t, il suffit de faire varier k paramètres $q_1, q_2, \ldots, q_k$, convenablement choisis, de quantités arbitraires infiniment petites $\delta q_1, \delta q_2, \ldots, \delta q_k$. On a alors pour le déplacement virtuel du point m_μ

$$(1) \quad \begin{cases} \delta x_\mu = a_{\mu,1}\,\delta q_1 + a_{\mu,2}\,\delta q_2 + \ldots + a_{\mu,k}\,\delta q_k, \\ \delta y_\mu = b_{\mu,1}\,\delta q_1 + b_{\mu,2}\,\delta q_2 + \ldots + b_{\mu,k}\,\delta q_k, \\ \delta z_\mu = c_{\mu,1}\,\delta q_1 + c_{\mu,2}\,\delta q_2 + \ldots + c_{\mu,k}\,\delta q_k, \end{cases}$$

et pour le déplacement réel du même point pendant le temps dt

$$(2) \quad \begin{cases} dx_\mu = a_{\mu,1}\,dq_1 + a_{\mu,2}\,dq_2 + \ldots + a_{\mu,k}\,dq_k + a_\mu\,dt, \\ dy_\mu = b_{\mu,1}\,dq_1 + b_{\mu,2}\,dq_2 + \ldots + b_{\mu,k}\,dq_k + b_\mu\,dt, \\ dz_\mu = c_{\mu,1}\,dq_1 + c_{\mu,2}\,dq_2 + \ldots + c_{\mu,k}\,dq_k + c_\mu\,dt. \end{cases}$$

Dans ces équations les coefficients $a_{\mu,\nu}, b_{\mu,\nu}, c_{\mu,\nu}, a_\mu, b_\mu, c_\mu$ ($\mu = 1, 2, \ldots, n; \nu = 1, 2, \ldots, k$) sont quelconques; ils dépendent uniquement de la position du système à l'instant t et du temps t; la constitution de ces coefficients ne joue aucun rôle dans le cas général.

D'après la terminologie de Hertz, un système est dit *holonome*, quand les liaisons qui lui sont imposées s'expriment par des relations en termes finis entre les coordonnées déterminant les positions des divers corps dont il est composé; dans ce cas, on peut choisir pour $q_1, q_2, \ldots, q_k$ des variables dont les valeurs numériques, à l'instant t, déterminent la position du système; les quantités $q_1, q_2, \ldots, q_k$ sont alors les coordonnées du système holonome, dont la position est déterminée par le point figuratif ayant pour coordonnées rectangulaires $q_1, q_2, \ldots, q_k$ dans l'espace à k dimensions; les coordonnées x_μ, y_μ, z_μ sont des fonctions de $q_1, q_2, \ldots, q_k$ et du temps t exprimables en termes finis et les seconds membres des équations (2) sont, des différentielles totales de fonctions de $q_1, q_2, \ldots, q_k$ et t. Les équations du mouvement prennent alors la forme donnée par Lagrange. Il peut arriver, au contraire, que les liaisons entre certains corps du système s'expriment par des relations différentielles *non intégrables* entre les coordonnées dont dépendent les positions de ces corps; c'est ce qui arrive, par exemple, si un solide du système est terminé par une surface ou une ligne assujettie à rouler sans glisser sur une surface fixe ou sur la surface d'un autre solide du système; cette liaison s'exprime en effet, dans le premier cas en écrivant que la vitesse du point matériel au contact est *nulle*, et, dans le deuxième, que les vitesses des deux points matériels au contact sont les mêmes. D'après Hertz, on dit que le système n'est pas holonome dans ce cas; même si l'on suppose que les $a_{\mu,\nu}, b_{\mu,\nu}, c_{\mu,\nu}$ peuvent être exprimés à l'aide des seules variables $q_1, q_2, \ldots, q_k, t$, les seconds membres des formules (2) ne sont pas supposés des différentielles exactes.

Dans ce qui précède, nous avons considéré avec Hertz les systèmes eux-mêmes; pour les distinguer nous dirons qu'ils sont *essentiellement holonomes* ou *essentiellement non holonomes*. On peut aussi définir la nature d'un système pour un certain choix des paramètres; à cet égard on peut définir *l'ordre d'un système non holonome, pour un choix de paramètres*. Il y a alors deux éléments à rapprocher, le système matériel et le choix des paramètres. On dira qu'un système est holonome, pour un certain choix $q_1, q_2, \ldots, q_k$ de paramètres, si les équations de Lagrange s'appliquent à tous les paramètres. On appellera ordre, pour un certain choix de paramètres $q_1, q_2, \ldots, q_k$, d'un système non holonome, le nombre des paramètres auxquels les équations de Lagrange ne s'appliquent pas (33). Nous verrons aux nᵒˢ 15 et 16, comment cet ordre peut se déterminer quand on a formé l'énergie de vitesses $T = \frac{1}{2} \Sigma\, m\, V^2$ et l'énergie d'accélérations $S = \frac{1}{2} \Sigma\, m\, J^2$ pour un système.

D'après cela, un système qui est, pour un certain choix de paramètres, *non holonome d'ordre zéro* est *holonome*.

L'ordre peut rester le même ou changer quand on remplace le système des paramètres $q_1, q_2, \ldots, q_k$ par un autre.

Exemple. — Voici un exemple où l'ordre passe de o à 2. Prenons un système formé d'un seul point de coordonnées x, y, o dans le plan $x\,O\,y$. C'est un système à deux degrés de liberté, essentiellement holonome. Ce système est holonome quand on choisit comme paramètres les coordonnées du point dans un système quelconque. Par exemple, si l'on prend des coordonnées polaires r, θ dans le plan, on a

$$x = r\cos\theta, \qquad y = r\sin\theta, \qquad z = o,$$
$$T = \frac{m}{2}(x'^2 + y'^2 + z'^2) = \frac{m}{2}(r'^2 + r^2\theta'^2).$$

En appelant P la composante de la force $(X,\ Y,\ o)$ suivant la perpendiculaire au rayon vecteur et Q sa composante suivant le prolongement du rayon vecteur, on a

$$X\,\delta x + Y\,\delta y = P\,r\,\delta\theta + Q\,\delta r.$$

Les équations de Lagrange s'appliquent aux paramètres r et θ; mais prenons comme paramètre, à la place de θ, l'aire σ décrite par le rayon vecteur

$$\delta\sigma = \frac{1}{2} r^2\,\delta\theta, \qquad d\sigma = \frac{1}{2} r^2\,d\theta;$$

$$(5)\qquad \begin{cases} T = \dfrac{m}{2}\left(r'^2 + \dfrac{4\,\sigma'^2}{r^2}\right). \\[2mm] X\,\delta x + Y\,\delta y = \dfrac{2\,P}{r}\,\delta\sigma + Q\,\delta r. \end{cases}$$

Aucune des deux équations de Lagrange ne s'applique, comme on le vérifie immédiatement.

Pour le nouveau choix de variables r et σ le système est donc non holonome d'ordre 2.

On voit que l'ordre d'un système non holonome est défini par rapport à un certain choix des paramètres et qu'en faisant varier ce choix on peut faire varier l'*ordre;* mais il existe néanmoins *un ordre essentiel* attaché à chaque système, c'est le *minimum* ω des ordres obtenus en faisant varier d'une façon quelconque le choix des paramètres. Par exemple, un système essentiellement holonome est un système non holonome d'ordre essentiel **zéro**

2. Exemples : Toupie et cerceau. — Les deux jeux préférés des enfants, la toupie et le cerceau, fournissent des exemples de systèmes essentiellement holonomes ou essentiellement non holonomes. Pour le montrer, définissons d'abord les six coordonnées d'un corps solide entièrement libre (système essentiellement holonome). Soient trois axes rectangulaires fixes $O\xi\eta\zeta$; appelons ξ, η, ζ les coordonnées du centre de gravité G du corps solide par rapport à ces axes; θ, φ, ψ les angles d'Euler d'un système d'axes rectangulaires $Gxyz$ liés au corps avec des axes de directions fixes $Gx_1y_1z_1$ parallèles aux axes fixes. Ces six coordonnées ξ, η, ζ, θ, φ, ψ définissent la position d'un corps solide libre. Les coordonnées d'un point quelconque du corps sont des fonctions de ces six coordonnées. Si l'on impose des liaisons au solide, cela revient, suivant les cas, à établir certaines relations en termes finis entre les six coordonnées ou encore à établir certaines relations différentielles du premier ordre non intégrables : le nombre des degrés de liberté est alors diminué.

1° *Toupie; système essentiellement holonome à cinq degrés de liberté.* — La toupie, sans frottement de glissement, est un corps pesant de révolution dont l'axe se termine par une pointe P glissant sur un plan fixe Π parfaitement poli. Si l'on prend, pour axe Gz, l'axe de révolution estimé positivement dans le sens qui va de P à G, on a, en appelant a la distance PG,

$$\zeta = a\cos\theta,$$

équation de liaison en termes finis. La position de la toupie est donc définie par les cinq coordonnées

$$\xi,\ \eta,\ \theta,\ \varphi,\ \psi.$$

Les coordonnées d'un point quelconque de la toupie, par rapport aux axes fixes, s'expriment en fonction de ces cinq coordonnées. La toupie est donc un système *essentiellement holonome;* ce système est holonome pour le choix des paramètres ξ, η, θ, φ, ψ.

2° *Cerceau; système non holonome à trois degrés de liberté, d'ordre essentiel deux.* — Un cerceau est un corps solide de révolution terminé par une arête circulaire C assujettie à *rouler sans glisser* sur un plan horizontal fixe Π (on néglige le frottement de roulement). Le centre de gravité G du cerceau est supposé dans le plan de l'arête C; les axes Gxyz liés au corps seront ici l'axe du cerceau Gz, perpendiculaire au plan de l'arête, et deux axes rectangulaires Gx et Gy situés dans le plan de l'arête; le rayon de l'arête C est a.

Comme on le verra dans le *Traité de Mécanique* par P. APPELL (t. II, n° 462), on a, pour le déplacement réel,

$$\begin{cases} d\xi - a \sin\psi \sin\theta \, d\theta + a \cos\psi \cos\theta \, d\psi + a \cos\psi \, d\varphi = 0, \\ d\eta + a \cos\psi \sin\theta \, d\theta + a \sin\psi \cos\theta \, d\psi + a \sin\psi \, d\varphi = 0, \\ d\zeta - a \cos\theta \, d\theta = 0, \end{cases}$$

et pour les déplacements virtuels compatibles avec les liaisons,

$$(8) \quad \begin{cases} \delta\xi - a \sin\psi \sin\theta \, \delta\theta + a \cos\psi \cos\theta \, \delta\psi + a \cos\psi \, \delta\varphi = 0, \\ \delta\eta + a \cos\psi \sin\theta \, \delta\theta + a \sin\psi \cos\theta \, \delta\psi + a \sin\psi \, \delta\varphi = 0, \\ \delta\zeta - a \cos\theta \, \delta\theta = 0. \end{cases}$$

La dernière des relations précédentes équivaut à la relation en termes finis

$$(9) \qquad \zeta = a \sin\theta$$

qui est évidente géométriquement; mais ni les deux premières relations (8), ni aucune combinaison linéaire des relations (8), où figure au moins une des deux premières, ne peut être intégrée et écrite sous forme finie. Le système considéré n'est pas holonome; il a *trois degrés de liberté* ($k = 3$), car le déplacement virtuel le plus général compatible avec les liaisons s'obtient en donnant à $\delta\theta$, $\delta\varphi$, $\delta\psi$ des valeurs arbitraires; $\delta\xi$, $\delta\eta$, $\delta\zeta$ sont ensuite déterminés par les relations (8). Il reste à voir que le système est *holonome d'ordre deux*. En effet, la position du cerceau autour de son centre de gravité étant définie par les angles d'Euler θ, φ, ψ, déjà Ferrers a montré (6) que l'équation de Lagrange peut s'appliquer à l'inclinaison θ; elle ne s'applique pas à φ et ψ. Alors l'*ordre* du système non holonome est $\omega = 2$.

II. — Réalisation des liaisons. Asservissement.

3. Réalisation des liaisons. — Dans ce qui précède, les liaisons
sont considérées à un point de vue purement analytique, indépendant
de la manière particulière dont elles sont réalisées [Beghin (29), *Thèse*,
p. 8] Or, peut-on faire abstraction de la manière dont une liaison est
réalisée? La question a fait l'objet de nombreuses études. Voici quelques considérations générales empruntées à Beghin (*loc. cit.*) et à
Delassus (26 et 27). Une liaison L d'un système Σ peut être réalisée
avec ou sans le secours d'un système auxiliaire Σ_1. Dans le premier
cas, la réalisation de la liaison est dite *parfaite;* dans le second cas,
la réalisation de la liaison est encore *parfaite*, si l'introduction du
système auxiliaire Σ_1 n'apporte aucune restriction aux déplacements
virtuels du système Σ qui restent alors tous les déplacements compatibles avec la liaison L; mais elle est *imparfaite*, si l'introduction du
système Σ_1 apporte des restrictions aux déplacements virtuels du
système Σ.

Ainsi M. Delassus (27) donne l'exemple suivant de la liaison
imparfaite $z = a$ imposée à un point matériel de coordonnées x, y, z.
Imaginons un cerceau de rayon a roulant sans glisser sur le
plan xOy; supposons que le plan du cerceau, c'est-à-dire le plan de
l'arête circulaire C, soit maintenu vertical au moyen d'un trépied qui
porte l'axe du cerceau et qui glisse sans frottement sur le plan horizontal xOy. Le point matériel x, y, z est attaché au centre G du
cerceau C; il constitue le système Σ; le cerceau avec le trépied et les
accessoires constitue le système Σ_1; le dispositif réalise évidemment
la liaison $z = a$; il permet au point matériel d'occuper toutes les
positions possibles dans le plan $z = a$; mais si l'on imprime au
système un déplacement virtuel compatible avec les liaisons, le
déplacement du point matériel est dans le plan de l'arête du cerceau
et n'a pas une direction arbitraire dans le plan $z = a$. La liaison
est donc réalisée de façon *imparfaite*.

Si, au contraire, le point matériel était attaché au centre d'une
sphère de rayon a, assujettie à rouler sans glisser sur le plan xOy,
ce point serait assujetti à la même liaison $z = a$, mais celle-ci serai
alors réalisée d'une façon parfaite.

4. Travail des forces de liaison. — Lorsqu'on démontre le théorème du travail virtuel pour un système, on s'appuie sur cette proposition que, pour tout déplacement virtuel du système, compatible avec les liaisons, *la somme des travaux des forces de liaison est nulle :* nous prendrons ici cette proposition comme définissant les liaisons que nous considérons. C'est cette proposition que l'on utilise ensuite pour l'application du principe de d'Alembert, en écrivant qu'en vertu des liaisons qui existent à l'instant t, il y a équilibre entre les forces d'inertie et les forces appliquées.

5. Cas de l'asservissement. — Mais il faut faire remarquer que, même si l'on se borne aux liaisons parfaites, il existe une catégorie importante de mécanismes dans lesquels les liaisons se trouvent réalisées par des méthodes différentes de celles qui permettent l'application pure et simple de l'équation générale de la dynamique : dans ces liaisons spéciales, on ne peut faire abstraction du mode de réalisation et se contenter de leur expression analytique. Ces liaisons sont celles que l'on obtient par *asservissement;* nous dirons qu'il y a *asservissement* lorsque les liaisons correspondantes, au lieu d'être réalisées d'une façon en quelque sorte passive, par contact de deux solides qui glissent ou roulent l'un sur l'autre à titre d'exemple, le sont par l'utilisation appropriée de forces quelconques (forces électromagnétiques, pressions de fluides, forces produites par un être animé, etc.). De ces liaisons d'asservissement, il résulte des forces de liaison que M. Beghin (29) appelle de *deuxième espèce* et dont le travail virtuel est généralement différent de zéro, même si le déplacement est compatible avec la liaison. Il est entendu que nous laisson ce genre de liaisons de côté, renvoyant pour ce cas à la thèse de M. Beghin qui utilise la forme générale d'équations que nous indiquons. Nous nous bornerons aux liaisons classiques définies plus haut (n° 4).

III. — ÉQUATIONS.

6. Équations générales du mouvement. — Écrivons l'équation générale de la dynamique, telle qu'elle résulte du principe de d'Alembert combiné avec le théorème du travail virtuel. Nous emploierons, dans tout ce qui suit, pour désigner les dérivées par rapport au temps, la notation des accents de Lagrange. L'équation générale de la dynamique est alors

$$(10) \quad \sum_{\mu} m_{\mu}(x''_{\mu}\,\delta x_{\mu} + y''_{\mu}\,\delta y_{\mu} + z''_{\mu}\,\delta z_{\mu}) - \sum_{\mu}(X_{\mu}\,\delta x_{\mu} + Y_{\mu}\,\delta y_{\mu} + Z_{\mu}\,\delta z_{\mu}) = 0,$$

où la première somme est étendue à tous les points matériels du système, mais où la seconde comprend seulement les points matériels auxquels sont appliquées des forces. En substituant pour $\delta x_{\mu}, \delta y_{\mu}, \delta z_{\mu}$ les valeurs (1) on a une équation de la forme

$$(11) \quad P_1\,\delta q_1 + P_2\,\delta q_2 + \ldots + P_k\,\delta q_k - (Q_1\,\delta q_1 + Q_2\,\delta q_2 + \ldots + Q_k\,\delta q_k) = 0.$$

Comme $\delta q_1, \delta q_2, \ldots, \delta q_k$ sont arbitraires, l'équation (11) se réduit à k équations

$$(12) \quad P_1 = Q_1, \quad P_2 = Q_2, \quad \ldots, \quad P_k = Q_k,$$

qui définissent en fonctions de t, les k paramètres $q_1, q_2, \ldots, q_k$.

Pour écrire ces équations, remarquons que

$$P_{\nu} = \sum_{\mu} m_{\mu}(x''_{\mu}a_{\mu,\nu} + y''_{\mu}b_{\mu,\nu} + z''_{\mu}c_{\mu,\nu}).$$

Or, d'après les relations (2), on a

$$(13) \quad \begin{cases} x'_{\mu} = a_{\mu,1}q'_1 + a_{\mu,2}q'_2 + \ldots + a_{\mu,\nu}q'_{\nu} + \ldots + a_{\mu,k}q'_k + a_{\mu}, \\ y'_{\mu} = b_{\mu,1}q'_1 + b_{\mu,2}q'_2 + \ldots + b_{\mu,\nu}q'_{\nu} + \ldots + b_{\mu,k}q'_k + b_{\mu}, \\ z'_{\mu} = c_{\mu,1}q'_1 + c_{\mu,2}q'_2 + \ldots + c_{\mu,\nu}q'_{\nu} + \ldots + c_{\mu,k}q'_k + c_{\mu}, \end{cases}$$

d'où, en dérivant encore une fois par rapport au temps,

$$x''_{\mu} = \sum_{\nu=1}^{\nu=k} \left[a_{\mu,\nu}q''_{\nu} + \frac{da_{\mu,\nu}}{dt}q'_{\nu} \right] + \frac{da_{\mu}}{dt},$$

$$y''_{\mu} = \sum_{\nu=1}^{\nu=k} \left[b_{\mu,\nu}q''_{\nu} + \frac{db_{\mu,\nu}}{dt}q'_{\nu} \right] + \frac{db_{\mu}}{dt},$$

$$z''_{\mu} = \sum_{\nu=1}^{\nu=k} \left[c_{\mu,\nu}q''_{\nu} + \frac{dc_{\mu,\nu}}{dt}q'_{\nu} \right] + \frac{dc_{\mu}}{dt}.$$

On en conclut que le seul terme du second membre contenant q''_{ν} est $a_{\mu,\nu}q''_{\nu}$ dans la première expression, $b_{\mu,\nu}q''_{\nu}$ dans la deuxième,

$c_{\mu,\nu}\, q''_\nu$ dans la troisième. On a alors

$$a_{\mu,\nu} = \frac{\partial x''_\mu}{\partial q''_\nu}, \qquad b_{\mu,\nu} = \frac{\partial y''_\mu}{\partial q''_\nu}, \qquad c_{\mu,\nu} = \frac{\partial z''_\mu}{\partial q''_\nu}$$

et l'expression de P_ν s'écrit

$$P_\nu = \sum_\mu m_\mu \left(x''_\mu \frac{\partial x''_\mu}{\partial q''_\nu} + y''_\mu \frac{\partial y''_\mu}{\partial q''_\nu} + z''_\mu \frac{\partial z''_\mu}{\partial q''_\nu} \right).$$

Si l'on pose enfin

$$S = \frac{1}{2} \sum_{\mu=1}^{\mu=n} m_\mu (x''^2_\mu + y''^2_\mu + z''^2_\mu),$$

on a

$$P_\nu = \frac{\partial S}{\partial q''_\nu}.$$

D'autre part, le terme Q_ν a une valeur connue. Si l'on imprime au système le déplacement virtuel spécial dans lequel tous les δq sont *nuls* excepté δq_ν, la somme $\mathfrak{T}_\nu$ des travaux virtuels des forces appliquées est précisément

$$\mathfrak{T}_\nu = Q_\nu\, \delta q_\nu,$$

ce qui donne une signification simple de Q_ν. On a alors les k équations du mouvement

$$(14) \qquad \frac{\partial S}{\partial q''_1} = Q_1, \qquad \frac{\partial S}{\partial q''_2} = Q_2 \qquad \dots, \qquad \frac{\partial S}{\partial q''_k} = Q_k$$

qui sont les équations générales cherchées, applicables, sous les restrictions indiquées relatives à l'asservissement, à tous les systèmes, holonomes ou non, et à tous les choix de paramètres. Pour écrire ces équations, il faut former la fonction S (19).

7. **Énergie d'accélérations d'un système.** — La demi-force vive, ou énergie cinétique,

$$(15) \qquad T = \frac{1}{2} \sum_{\mu=1}^{\mu=n} m_\mu (x'^2_\mu + y'^2_\mu + z'^2_\mu) = \frac{1}{2} \Sigma m\, V^2,$$

où V désigne la vitesse du point de masse m, peut être appelée *énergie de vitesses* du système. La fonction S

$$(16) \qquad S = \frac{1}{2} \Sigma m_\mu (x''^2_\mu + y''^2_\mu + z''^2_\mu)^2 = \frac{1}{2} \Sigma m\, J^2,$$

où J désigne l'accélération du point de masse m, sera appelée l'*énergie d'accélérations* du système. Cette dénomination a été introduite par A. de Saint-Germain (20). Pour écrire les équations d'un système quelconque à k degrés de liberté, avec un choix quelconque des k paramètres $q_1, q_2, \ldots, q_k$, il suffit donc de former l'énergie d'accélérations S de ce système. La quantité S sera, dans chaque cas, une fonction du second degré de $q_1'', q_2'', \ldots, q_k''$; on écrira ensuite les équations du mouvement par de simples différentiations.

On sait que, si un système est essentiellement holonome et si sa position à l'instant t dépend de k coordonnées géométriquement indépendantes, les équations du mouvement du système peuvent s'écrire sous la forme donnée par Lagrange :

$$(17) \qquad \frac{d}{dt}\left(\frac{\partial \mathrm{T}}{\partial q_\nu'}\right) - \frac{\partial \mathrm{T}}{\partial q_\nu} = \mathrm{Q}_\nu \qquad (\nu = 1, 2, \ldots, k).$$

Mais cette forme n'est pas applicable aux systèmes non holonomes; elle n'est même pas adaptée à un choix quelconque de paramètres pour les systèmes holonomes. Pour obtenir une forme absolument générale, il convient de calculer S comme il a été dit, c'est-à-dire d'aller au second ordre de dérivation par rapport à t.

8. Cas où les équations de Lagrange s'appliquent à certains paramètres. — Le coefficient P_ν de δq_ν dans l'équation générale de la dynamique (10), est

$$\mathrm{P}_\nu = \sum_\mu m_\mu (x_\mu'' a_{\mu,\nu} + y_\mu'' b_{\mu,\nu} + z_\mu'' c_{\mu,\nu}).$$

Dans le cas d'un système holonome, seul considéré par Lagrange, ce coefficient s'écrit

$$\mathrm{P}_\nu = \frac{d}{dt}\left(\frac{\partial \mathrm{T}}{\partial q_\nu'}\right) - \frac{\partial \mathrm{T}}{\partial q_\nu}.$$

On peut écrire évidemment, dans tous les cas,

$$\mathrm{P}_\nu = \frac{d}{dt}\sum_\mu m_\mu (x_\mu' a_{\mu,\nu} + y_\mu' b_{\mu,\nu} + z_\mu' c_{\mu,\nu})$$

$$- \sum_\mu m_\mu \left(x_\mu' \frac{da_{\mu,\nu}}{dt} + y_\mu' \frac{db_{\mu,\nu}}{dt} + z_\mu' \frac{dc_{\mu,\nu}}{dt}\right).$$

Or, $a_{\mu,\nu}$, $b_{\mu,\nu}$, $c_{\mu,\nu}$ étant, d'après (13), égaux à $\dfrac{\partial x'_\mu}{\partial q'_\nu}$, $\dfrac{\partial y'_\mu}{\partial q'_\nu}$, $\dfrac{\partial z'_\mu}{\partial q'_\nu}$, on a

$$P_\nu = \frac{d}{dt}\left(\frac{\partial T}{\partial q'_\nu}\right) - \sum_\mu m_\mu \left(x'_\mu \frac{da_{\mu,\nu}}{dt} + y'_\mu \frac{db_{\mu,\nu}}{dt} + z'_\mu \frac{dc_{\mu,\nu}}{dt}\right).$$

Si l'on pose

$$R_\nu = \sum_\mu m_\mu \left(x'_\mu \frac{da_{\mu,\nu}}{dt} + y'_\mu \frac{db_{\mu,\nu}}{dt} + z'_\mu \frac{dc_{\mu,\nu}}{dt}\right),$$

on voit que

$$P_\nu = \frac{d}{dt}\left(\frac{\partial T}{\partial q'_\nu}\right) - \frac{\partial T}{\partial q_\nu} - \left(R_\nu - \frac{\partial T}{\partial q_\nu}\right).$$

L'équation de Lagrange sera donc applicable au paramètre q_ν si l'on a

$$\Delta_\nu \equiv R_\nu - \frac{\partial T}{\partial q_\nu} = 0.$$

Or on a

$$(18) \quad \Delta_\nu \equiv R_\nu - \frac{\partial T}{\partial q_\nu} = \sum_\mu m_\mu \left[x'_\mu \left(\frac{da_{\mu,\nu}}{dt} - \frac{\partial x'_\mu}{\partial q_\nu}\right) + y'_\mu \left(\frac{db_{\mu,\nu}}{dt} - \frac{\partial y'_\mu}{\partial q_\nu}\right)\right.$$
$$\left. + z'_\mu \left(\frac{dc_{\mu,\nu}}{dt} - \frac{\partial z'_\mu}{\partial q_\nu}\right)\right].$$

Si l'on remplace x'_μ, y'_μ, z'_μ par leurs expressions en $q'_1, q'_2, \ldots, q'_k$ (éq. 13), on voit que $R_\nu - \dfrac{\partial T}{\partial q_\nu}$ est une fonction de second degré de $q'_1, q'_2, \ldots, q'_k$: pour que l'équation de Lagrange puisse s'appliquer au paramètre q_ν, il faut et il suffit que cette fonction soit nulle, quelle que soit la position et quelles que soient les vitesses des points du système compatibles avec les liaisons, puisque, à chaque instant, considéré comme initial, ces quantités peuvent être prises arbitrairement.

Cas particulier. — Supposons que les coefficients $a_{\mu,\nu}$ soient des fonctions de $q_1, q_2, \ldots, q_k$ et t, alors

$$\frac{da_{\mu,\nu}}{dt} = \frac{\partial a_{\mu,\nu}}{\partial q_1} q'_1 + \frac{\partial a_{\mu,\nu}}{\partial q_2} q'_2 + \ldots + \frac{\partial a_{\mu,\nu}}{\partial q_\nu} q'_\nu + \ldots + \frac{\partial a_{\mu,\nu}}{\partial q_k} q'_k + \frac{\partial a_{\mu,\nu}}{\partial t},$$
$$\frac{\partial x'_\mu}{\partial q_\nu} = \frac{\partial a_{\mu,1}}{\partial q_\nu} q'_1 + \frac{\partial a_{\mu,\nu}}{\partial q_\nu} q'_2 + \ldots + \frac{\partial a_{\mu,\nu}}{\partial q_\nu} q'_\nu + \ldots + \frac{\partial a_{\mu,k}}{\partial q_\nu} q'_k + \frac{\partial a_\mu}{\partial q_\nu},$$
$$\ldots\ldots\ldots\ldots\ldots\ldots\ldots\ldots\ldots\ldots\ldots\ldots\ldots\ldots\ldots,$$

Le coefficient de x_μ dans la différence (18) est

$$\left(\frac{\partial a_{\mu,\nu}}{\partial q_1} - \frac{\partial a_{\mu,1}}{\partial q_\nu}\right) q'_1 + \left(\frac{\partial a_{\mu,\nu}}{\partial q_2} - \frac{\partial a_{\mu,2}}{\partial q_\nu}\right) q'_2 + \cdots$$
$$+ \left(\frac{\partial a_{\mu,\nu}}{\partial q_k} - \frac{\partial a_{\mu,k}}{\partial q_\nu}\right) q'_k + \frac{\partial a_{\mu,\nu}}{dt} - \frac{\partial a_\mu}{\partial q_\nu}.$$

Si ce coefficient est nul, quel que soit μ, ainsi que les coefficients analogues de y'_μ, z'_μ, la quantité R_ν est nulle. L'équation de Lagrange s'applique donc au paramètre q_ν si l'on a, quel que soit μ,

$$(19) \quad \begin{cases} \dfrac{\partial a_{\mu,\nu}}{\partial q_1} = \dfrac{\partial a_{\mu,1}}{\partial q_\nu}, & \dfrac{\partial a_{\mu,\nu}}{\partial q_2} = \dfrac{\partial a_{\mu,2}}{\partial q_\nu}, & \cdots, \\[2ex] \dfrac{\partial a_{\mu,\nu}}{\partial q_k} = \dfrac{\partial a_{\mu,k}}{\partial q_\nu}, & \dfrac{\partial a_{\mu,\nu}}{dt} = \dfrac{\partial a_\mu}{\partial q_\nu}; \\[2ex] \dfrac{\partial b_{\mu,\nu}}{\partial q_1} = \dfrac{\partial b_{\mu,1}}{\partial q_\nu}, & \dfrac{\partial b_{\mu,\nu}}{\partial q_2} = \dfrac{\partial b_{\mu,2}}{\partial q_\nu}, & \cdots, \\[2ex] \dfrac{\partial b_{\mu,\nu}}{\partial q_k} = \dfrac{\partial b_{\mu,k}}{\partial q_\nu}, & \dfrac{\partial b_{\mu,\nu}}{\partial t} = \dfrac{\partial b_\mu}{\partial q_\nu}; \\[2ex] \dfrac{\partial c_{\mu,\nu}}{\partial q_1} = \dfrac{\partial c_{\mu,1}}{\partial q_\nu}, & \dfrac{\partial c_{\mu,\nu}}{\partial q_2} = \dfrac{\partial c_{\mu,2}}{\partial q_\nu}, & \cdots, \\[2ex] \dfrac{\partial c_{\mu,\nu}}{\partial q_k} = \dfrac{\partial c_{\mu,k}}{\partial q_\nu}, & \dfrac{\partial c_{\mu,\nu}}{\partial t} = \dfrac{\partial c_\mu}{\partial q_\nu}. \end{cases}$$

On peut caractériser ce cas autrement. Les conditions (19) étant supposées remplies, déterminons des fonctions U_μ, V_μ, W_μ de $q_1, q_2, \ldots, q_k$ et t par les formules

$$U_\mu = \int_{q_\nu^0}^{q_\nu} a_{\mu,\nu}\, dq_\nu, \qquad V_\mu = \int_{q_\nu^0}^{q_\nu} b_{\mu,\nu}\, dq_\nu, \qquad W_\mu = \int_{q_\nu^0}^{q_\nu} c_{\mu,\nu}\, dq_\nu,$$

où q_ν^0 désigne une *constante*. On a immédiatement, d'après (19),

$$\frac{\partial U_\mu}{\partial q_1} = \int_{q_\nu^0}^{q_\nu} \frac{\partial a_{\mu,\nu}}{\partial q_1}\, dq_\nu = \int_{q_\nu^0}^{q_\nu} \frac{\partial a_{\mu,1}}{\partial q_\nu}\, dq_\nu = a_{\mu,1} - a_{\mu,1}^0,$$

$a_{\mu,1}^0$ étant ce que devient $a_{\mu,1}$ quand on y remplace q_ν par la constante q_ν^0. De même

$$\frac{\partial U_\mu}{\partial q_2} = a_{\mu,2} - a_{\mu,2}^0, \qquad \cdots, \qquad \frac{\partial U_\mu}{\partial q_k} = a_{\mu,k} - a_{\mu,k}^0,$$
$$\frac{\partial U_\mu}{\partial t} = \int_{q_\nu^0}^{q_\nu} \frac{\partial a_{\mu,\nu}}{\partial t}\, dq_\nu = \int_{q_\nu^0}^{q_\nu} \frac{\partial a_\mu}{\partial q_\nu}\, dq_\nu = a_\mu - a_\mu^0;$$
$$\frac{\partial V_\mu}{\partial q_\rho} = b_{\mu,\rho} - b_{\mu,\rho}^0, \qquad \frac{\partial V_\mu}{\partial t} = b_\mu - b_\mu^0;$$
$$\frac{\partial W_\mu}{\partial q_\rho} = c_{\mu,\rho} - c_{\mu,\rho}^0, \qquad \frac{\partial W_\mu}{\partial t} = c_\mu - c_\mu^0.$$

Les formules (1) deviennent alors, si l'on y remplace $a_{\mu,\rho}$, $b_{\mu,\rho}$, $c_{\mu,\rho}$, a_μ, b_μ, c_μ par leurs expressions tirées des formules précédentes,

$$(20)\quad\begin{cases} \delta x_\mu = \delta U_\mu + a^0_{\mu,1}\,\delta q_1 + a^0_{\mu,2}\,\delta q_2 + \ldots + a^0_{\mu,k}\,\delta q_k, \\[4pt] \delta y_\mu = \delta V_\mu + b^0_{\mu,1}\,\delta q_1 + b^0_{\mu,2}\,\delta q_2 + \ldots + b^0_{\mu,k}\,\delta q_k, \\[4pt] \delta z_\mu = \delta W_\mu + c^0_{\mu,1}\,\delta q_1 + c^0_{\mu,2}\,\delta q_2 + \ldots + c^0_{\mu,k}\,\delta q_k, \end{cases}$$

où δU_μ, δV_μ, δW_μ sont des différentielles totales prises en regardant t comme constant et où $a^0_{\mu,\nu}$, $b^0_{\mu,\nu}$, $c^0_{\mu,\nu}$ qui seraient les coefficients de δq_ν sont nuls.

Les formules (2) deviennent de même

$$(20')\quad\begin{cases} dx_\mu = dU_\mu + a^0_{\mu,1}\,dq_1 + a^0_{\mu,2}\,dq_2 + \ldots + a^0_{\mu,k}\,dq_k + a^0_\mu\,dt, \\[4pt] dy_\mu = dV_\mu + b^0_{\mu,1}\,dq_1 + b^0_{\mu,2}\,dq_2 + \ldots + b^0_{\mu,k}\,dq_k + b^0_\mu\,dt, \\[4pt] dz_\mu = dW_\mu + c^0_{\mu,1}\,dq_1 + c^0_{\mu,2}\,dq_2 + \ldots + c^0_{\mu,k}\,dq_k + c^0_\mu\,dt, \end{cases}$$

On voit que l'équation de Lagrange s'applique à q_ν quand, pour un point quelconque du système, δx_μ, δy_μ, δz_μ et dx_μ, dy_μ, dz_μ peuvent se mettre *sous la forme d'une différentielle totale suivie d'une expression ne contenant ni q_ν, ni δq_ν, ni dq_ν*. On peut dire aussi que l'équation de Lagrange s'appliquerait au paramètre q_ν lorsque les autres paramètres $q_1, q_2, \ldots, q_{\nu-1}, q_{\nu+1}, \ldots, q_k$ étant connus en fonction de t, q_ν deviendrait une véritable coordonnée, de telle façon que x_μ, y_μ, z_μ pourraient être exprimés sous forme finie en fonction de q_ν et t.

Pour que les équations de Lagrange puissent s'appliquer aux paramètres $q_1, q_2, \ldots, q_s$, il suffit que cette condition ait lieu pour $\nu = 1, 2, \ldots, s$, c'est-à-dire que les déplacements virtuels δx_μ, δy_μ, δz_μ et les déplacements réels dx_μ, dy_μ, dz_μ puissent se mettre sous la forme

$$\begin{aligned} \delta x_\mu &= \delta U_\mu + \alpha_{\mu,s+1}\,\delta q_{s+1} + \ldots + \alpha_{\mu,k}\,\delta q_k, \\ \delta y_\mu &= \delta V_\mu + \beta_{\mu,s+1}\,\delta q_{s+1} + \ldots + \beta_{\mu,k}\,\delta q_k, \\ \delta z_\mu &= \delta W_\mu + \gamma_{\mu,s+1}\,\delta q_{s+1} + \ldots + \gamma_{\mu,k}\,\delta q_k; \\[6pt] dx_\mu &= dU_\mu + \alpha_{\mu,s+1}\,dq_{s+1} + \ldots + \alpha_{\mu,k}\,dq_k + \alpha_\mu\,dt, \\ dy_\mu &= dV_\mu + \beta_{\mu,s+1}\,dq_{s+1} + \ldots + \beta_{\mu,k}\,dq_k + \beta_\mu\,dt, \\ dz_\mu &= dW_\mu + \gamma_{\mu,s+1}\,dq_{s+1} + \ldots + \gamma_{\mu,k}\,dq_k + \gamma_\mu\,dt, \end{aligned}$$

les coefficients $\alpha_{\mu,s+1}, \ldots, \alpha_{\mu,k}, \alpha_\mu, \beta_{\mu,s+1}, \ldots, \beta_{\mu,k}, \beta_\mu, \gamma_{\mu,s+1}, \ldots,$

$\gamma_{\mu,k}$, γ_μ, ne contenant plus q_1, q_2, ..., q_s. Le système est alors pour le choix des paramètres q_1, q_2, ..., q_k, non holonome d'ordre $k - s$.

VI. — APPLICATIONS.

9. Mouvement d'un point en coordonnées polaires dans le plan. — Les équations

$$x = r\cos\theta, \qquad y = r\sin\theta, \qquad z = o$$

donnent

$$S = \frac{m}{2}(x''^2 + y''^2 + z''^2) = \frac{m}{2}[(r'' - r\theta'^2)^2 + (r\theta'' + 2r'\theta')^2].$$

En adoptant les notations de l'exemple de la fin du n° 1_r on voit que les équations du mouvement sont

$$\frac{\partial S}{\partial r''} = Q, \qquad \frac{\partial S}{\partial \theta''} = P\,r,$$

ou

$$m(r'' - r\theta'^2) = Q, \qquad m(r\theta'' + 2r'\theta') = P;$$

ces équations sont identiques à celles de Lagrange. Avec ces paramètres r et θ le système est holonome. Mais si l'on prend comme paramètre l'aire σ balayée par le rayon vecteur, on a

$$\delta\sigma = \frac{1}{2}r^2\,\delta\theta, \qquad d\sigma = \frac{1}{2}r^2\,d\theta,$$

$$\delta x = \cos\theta\,\delta r - \frac{2\sin\theta}{r}\,\delta\sigma,$$

$$\delta y = \sin\theta\,\delta r + \frac{2\cos\theta}{r}\,\delta\sigma;$$

$$x' = \cos\theta\,r' - \frac{2\sin\theta}{r}\,\sigma', \qquad y' = \sin\theta\,r' + \frac{2\cos\theta}{r}\,\sigma';$$

$$T = \frac{m}{2}\left(r'^2 + \frac{4\,\sigma'^2}{r}\right)$$

$$x'' = \cos\theta\left(r'' - \frac{4}{r^3}\sigma'^2\right) - 2\sin\theta\,\frac{\sigma''}{r};$$

$$y'' = \sin\theta\left(r'' - \frac{4}{r^3}\sigma'^2\right) + 2\cos\theta\,\frac{\sigma''}{r};$$

$$S = \frac{m}{2}\left[\left(r'' - \frac{4}{r^3}\sigma'^2\right)^2 + \frac{4}{r^2}\sigma''^2\right].$$

$$X\,\delta x + Y\,\delta y = \frac{2P}{r}\,\delta\sigma + Q\,\delta r.$$

Les équations sont alors

$$\frac{\partial S}{\partial r''} = Q, \qquad \frac{\partial S}{\partial \sigma''} = \frac{2\,P}{r},$$

ou en explicitant

$$m\left(r'' - \frac{4}{r^3}\,\sigma'^2\right) = Q, \qquad m\,\sigma'' = \frac{P}{2\,r};$$

si la force est centrale $P = o$, la seconde équation donne

$$\sigma'' = o, \qquad \sigma' = C,$$

ce qui exprime le théorème des aires.

Aucune des quantités

$$\Delta_1 = \left[\frac{d}{dt}\left(\frac{\partial T}{\partial r'}\right) - \frac{\partial T}{\partial r}\right] - \frac{\partial S}{\partial r''},$$

$$\Delta_2 = \left[\frac{d}{dt}\left(\frac{\partial T}{\partial \sigma'}\right) - \frac{\partial T}{\partial \sigma}\right] - \frac{\partial S}{\partial \sigma''}$$

n'est nulle. Avec le choix de paramètres r et σ le système est devenu non holonome d'ordre 2.

10. **Mouvement d'un corps solide autour d'un point fixe.** — Calculons l'énergie d'accélérations S d'un corps solide mobile autour d'un point O, en nous plaçant dans le cas le plus général. Il suffira ensuite, pour chaque exemple particulier, d'employer cette fonction S calculée une fois pour toutes.

Rapportons le mouvement du corps à un trièdre trirectangle $O\,xyz$, d'origine O, animé d'un mouvement connu. Soient Ω la rotation instantanée de ce trièdre, $\mathcal{P}$, $\mathfrak{Q}$, $\mathcal{R}$ les composantes de cette rotation suivant les arêtes $O\,x$, $O\,y$, $O\,z$; soient de même ω la rotation instantanée absolue du corps solide, p, q, r ses composantes suivant les axes $O\,xyz$. Une molécule m du corps, de coordonnées x, y, z, possède une vitesse absolue v de projections

$$(21) \qquad \begin{cases} v_x = q\,z - r\,y, \\ v_y = r\,x - p\,z, \\ v_z = p\,y - q\,x; \end{cases}$$

cette molécule possède une accélération absolue J ayant pour projections

$$(22)\quad\begin{cases} J_x = \dfrac{dv_x}{dt} + \mathfrak{Q}\,v_z - \mathfrak{R}\,v_y, \\[2mm] J_y = \dfrac{dv_y}{dt} + \mathfrak{R}\,v_x - \mathfrak{P}\,v_z, \\[2mm] J_z = \dfrac{dv_z}{dt} + \mathfrak{P}\,v_y - \mathfrak{Q}\,v_x : \end{cases}$$

ces formules s'écrivent immédiatement, si l'on remarque que l'accélération J est la vitesse absolue du point géométrique ayant pour coordonnées v_x, v_y, v_z par rapport aux axes mobiles $O\,xyz$.

Cela posé, on a

$$\frac{dv_x}{dt} = q\,\frac{dz}{dt} - r\,\frac{dy}{dt} + zq' - yr', \quad \ldots,$$

p', q', r' désignant les dérivées de p, q, r par rapport au temps. Les quantités $\dfrac{dx}{dt}$, $\dfrac{dy}{dt}$, $\dfrac{dz}{dt}$ sont les projections sur $O\,x$, $O\,y$, $O\,z$ de la vitesse relative v_r de la molécule m par rapport à ces axes : si l'on appelle v_e la vitesse d'entraînement de cette même molécule, on a

$$(v_r)_x = v_x - (v_e)_x,$$

c'est-à-dire

$$\frac{dx}{dt} = qz - ry - (\mathfrak{Q}z - \mathfrak{R}y).$$

On a de même, en permutant, $\dfrac{dy}{dt}$ et $\dfrac{dz}{dt}$. D'après cela, les expressions (22) de J_x, J_y, J_z prennent la forme suivante, où nous écrivons seulement J_x :

$$J_x = q\,[(p - \mathfrak{P})y - (q - \mathfrak{Q})x] - r\,[(r - \mathfrak{R})x - (p - \mathfrak{P})z] \\ + zq' - yr' + \mathfrak{Q}(py - qx) - \mathfrak{R}(rx - pz),$$

ou en ordonnant

$$J_x = - x(q^2 + r^2) + y\,[q(p - \mathfrak{P}) + p\mathfrak{Q} - r'] \\ + z\,[r(p - \mathfrak{P}) + p\mathfrak{R} + q'].$$

On obtient, en permutant, J_y et J_z. Faisant la somme des carrés, on a J^2, puis la fonction

$$S = \frac{1}{2}\,\Sigma\,m(J_x^2 + J_y^2 + J_z^2).$$

Dans cette somme figurent comme coefficients les moments d'inertie

$$A = \Sigma m(y^2 + z^2), \qquad B = \Sigma m(z^2 + x^2), \qquad C = \Sigma m(x^2 + y^2),$$

et les produits d'inertie

$$D = \Sigma myz, \qquad E = \Sigma mzx, \qquad F = \Sigma mxy,$$

par rapport aux axes $Oxyz$. Ces six quantités seront, en général, variables avec le temps, puisque les axes $Oxyz$ se déplacent dans le corps.

Actuellement les paramètres sont les angles qui fixent l'orientation du corps autour du point O : les quantités p, q, r contiennent les *dérivées premières* de ces paramètres par rapport au temps; si le trièdre $Oxyz$ est animé d'un mouvement connu, $\mathfrak{P}$, $\mathfrak{Q}$, $\mathfrak{R}$ doivent être regardés comme des fonctions connues du temps; si le mouvement du trièdre est lié de quelque façon à celui du corps, $\mathfrak{P}$, $\mathfrak{Q}$, $\mathfrak{R}$ ne dépendent que des dérivées premières des paramètres; les dérivées secondes des paramètres ne figurent donc alors que dans p', q', r'. Alors, d'après une remarque précédente, il suffit de calculer les termes de S qui dépendent des accélérations, c'est-à-dire de p', q', r', car ces termes seuls dépendent des dérivées secondes des paramètres.

Posons, pour abréger,

$$(23) \qquad q\mathfrak{R} - r\mathfrak{Q} = \mathfrak{P}_1, \qquad r\mathfrak{P} - p\mathfrak{R} = \mathfrak{Q}_1, \qquad p\mathfrak{Q} - q\mathfrak{P} = \mathfrak{R}_1,$$

et désignons, pour un moment, par a, b, c les sommes Σmx^2, Σmy^2, Σmz^2. On peut écrire

$$(24) \quad
\begin{aligned}
2S = {} & a[(q' - \mathfrak{Q}_1 - pr)^2 + (r' - \mathfrak{R}_1 + pq)^2] \\
& + b[(r' - \mathfrak{R}_1 - qp)^2 + (p' - \mathfrak{P}_1 + qr)^2] \\
& + c[(p' - \mathfrak{P}_1 - rq)^2 + (q' - \mathfrak{Q}_1 + rp)^2] \\
& - 2D[(q^2 - r^2)p' + (q' - \mathfrak{Q}_1 + pr)(r' - \mathfrak{R}_1 - pq)] \\
& - 2E[(r^2 - p^2)q' + (r' - \mathfrak{R}_1 + qp)(p' - \mathfrak{P}_1 - qr)] \\
& - 2F[(p^2 - q^2)r' + (p' - \mathfrak{P}_1 + rq)(q' - \mathfrak{Q}_1 - rp)] + \ldots.
\end{aligned}$$

Développons et ordonnons par rapport à $p' - \mathfrak{P}_1$, $q' - \mathfrak{Q}_1$, $r' - \mathfrak{R}_1$, en remarquant que

$$b + c = A, \qquad c + a = B, \qquad a + b = C,$$
$$b - c = C - B, \qquad c - a = A - C, \qquad a - b = B - A;$$

nous pouvons écrire, en laissant de côté des termes indépendants de p', q', r',

$$(25) \quad 2S = A(p'-\mathcal{P}_1)^2 + B(q'-\mathcal{Q}_1)^2 + C(r'-\mathcal{R}_1)^2$$
$$- 2D(q'-\mathcal{Q}_1)(r'-\mathcal{R}_1) - 2E(r'-\mathcal{R}_1)(p'-\mathcal{P}_1)$$
$$- 2F(p'-\mathcal{P}_1)(q'-\mathcal{Q}_1)$$
$$+ 2[(C-B)qr - D(q^2-r^2) - Epq + Fpr](p'-\mathcal{P}_1)$$
$$+ 2[(A-C)rp - E(r^2-p^2) - Fqr + Dqp](q'-\mathcal{Q}_1)$$
$$+ 2[(B-A)pq - F(p^2-q^2) - Drp + Erq](r'-\mathcal{R}_1) + \ldots$$

Remarque. — Si les axes $Oxyz$ sont *fixes dans l'espace*, $\mathcal{P}$, $\mathcal{Q}$, $\mathcal{R}$ sont nuls et l'on a

$$(26) \qquad \mathcal{P}_1 = \mathcal{Q}_1 = \mathcal{R}_1 = 0;$$

le même fait a lieu si les axes sont *fixes dans le corps*, car dans ce cas

$$(27) \qquad \mathcal{P} = p, \qquad \mathcal{Q} = q, \qquad \mathcal{R} = r.$$

En particularisan, on obtient les équations d'Euler que l'on établit facilement.

On obtient de même, en particularisant convenablement les formules, les équations du mouvement pour le cas classique où l'ellipsoïde d'inertie relatif au point fixe O est de révolution; on prendra comme axe Oz l'axe de révolution et comme axes Ox et Oy deux axes mobiles à la fois dans le corps et dans l'espace, définis comme il suit. Soient Ox_1, Oy_1, Oz_1 trois axes fixes : l'axe Oy sera perpendiculaire au plan zOz_1 et l'axe Ox perpendiculaire au plan yOz. L'angle θ est alors l'angle $z_1 Oz$, ψ l'angle $x_1 Oy$. La rotation instantanée Ω du trièdre $Oxyz$ est la résultante de deux rotations, l'une $\dfrac{d\theta}{dt} = \theta'$ autour de Oy, l'autre $\dfrac{d\psi}{dt} = \psi'$ autour de Oz_1; les composantes de cette rotation, suivant Ox, Oy, Oz, sont donc

$$(28) \qquad \mathcal{P} = -\psi'\sin\theta, \qquad \mathcal{Q} = \theta', \qquad \mathcal{R} = \psi'\cos\theta.$$

Une fois le trièdre $Oxyz$ placé, il faut définir la position du solide par rapport à ce trièdre; pour cela, il suffit de connaître l'angle φ que fait une droite liée au corps dans le plan xOy avec l'axe Oy : la dérivée $\dfrac{d\varphi}{dt} = \varphi'$ de cet angle mesure la rotation propre du corps autour de Oz. La rotation instantanée ω du corps est alors la résultante de la rotation Ω du trièdre et de la rotation propre φ' autour de Oz. On a donc pour les projections p, q, r de ω sur les axes $Oxyz$.

$$(29) \quad p = \mathfrak{P} = -\psi' \sin\theta, \qquad q = \mathfrak{Q} = \theta', \qquad r = \mathfrak{R} + \varphi' = \psi'\cos\theta + \varphi'.$$

On en conclut, en dérivant par rapport à t,

$$p' = -\psi''\sin\theta + \ldots, \qquad q' = \theta'', \qquad r' = \psi''\cos\theta + \varphi'' + \ldots,$$

En outre, l'ellipsoïde d'inertie étant de révolution autour de Oz,

$$B = A.$$

L'expression générale (25) de S devient actuellement, en remplaçant $\mathfrak{P}$ et $\mathfrak{Q}$ par p et q et remarquant que $D = E = F = 0$, puisque les axes mobiles sont des axes principaux d'inertie,

$$(30) \quad 2S = A(p'^2 + q'^2) + Cr'^2 + 2(A\mathfrak{R} - Cr)(pq' - qp') + \ldots$$

Pour une variation $\delta\theta$, $\delta\varphi$, $\delta\psi$ des trois angles, la somme des travaux des forces appliquées prend la forme

$$\Theta\,\delta\theta + \Phi\,\delta\varphi + \Psi\,\delta\psi;$$

comme le déplacement virtuel obtenu en faisant $\delta\varphi = \delta\psi = 0$ est une rotation autour de Oy, Θ est la somme $\mathfrak{M}_y$ des moments des forces par rapport à Oy; de même, Φ est la somme $\mathfrak{M}_z$ des moments des forces par rapport à Oz et Ψ la somme $\mathfrak{M}_{z_1}$ des moments des forces par rapport à Oz_1. Les équations sont alors faciles à écrire.

On les obtiendrait plus rapidement, sous la forme définitive, en introduisant, ainsi qu'on peut le faire dans le cas général, comme paramètres les trois quantités λ, μ, ν définies par les relations

$$(31) \quad \delta\lambda = -\sin\theta\,\delta\psi, \qquad \delta\mu = \delta\theta, \qquad \delta\nu = \cos\theta\,\delta\psi + \delta\varphi,$$

d'où, pour le déplacement réel,

$$(32) \quad \left\{ \begin{array}{lll} p = \lambda' = -\sin\theta\,\psi', & q = \mu' = \theta', & r = \nu' = \cos\theta\,\psi' + \varphi', \\ p' = \lambda'', & q' = \mu'', & r' = \nu''. \end{array} \right.$$

Les quantités $\delta\lambda$, $\delta\mu$, $\delta\nu$ sont donc alors les rotations élémentaires autour de Ox, Oy, Oz, et l'on a

$$\Sigma(X\,\delta x + Y\,\delta y + Z\,\delta z) = \mathfrak{M}_x\,\delta\lambda + \mathfrak{M}_y\,\delta\mu + \mathfrak{M}_z\,\delta\nu.$$

La fonction $2S$ donnée par l'expression (30) s'exprime immédiatement en fonction de λ'', μ'', ν'' et les équations du mouvement sont

$$\frac{\partial S}{\partial \lambda''} = \mathfrak{M}_x, \qquad \frac{\partial S}{\partial \mu''} = \mathfrak{M}_y, \qquad \frac{\partial S}{\partial \nu''} = \mathfrak{M}_z,$$

ou, comme $\lambda'' = p'$, $\mu'' = q'$, $\nu'' = r'$,

$$(33) \qquad \frac{\partial S}{\partial p'} = \mathfrak{M}_x, \qquad \frac{\partial S}{\partial q'} = \mathfrak{M}_y, \qquad \frac{\partial S}{\partial r'} = \mathfrak{M}_z.$$

Ce sont les trois équations sous la forme la plus simple. Avec les paramètres λ, μ, ν le système est non holonome d'ordre 3 (31-2).

11. Théorème analogue à celui de Kœnig. — En vue des applications qui suivent, il est utile, pour abréger les calculs, d'établir un théorème analogue à celui de Kœnig). Soient, par rapport à des axes fixes, x, y, z les coordonnées absolues d'un point d'un certain système; m la masse de ce point; ξ, η, ζ les coordonnées du centre de gravité du système; $M = \Sigma m$ la masse totale et x_1, y_1, z_1 les coordonnées du même point m par rapport à des axes $G\,x_1 y_1 z_1$ menés par G parallèlement aux axes fixes. Appelons J_0 l'accélération absolue du point G :

$$J_0^2 = \xi''^2 + \eta''^2 + \zeta''^2,$$

J l'accélération absolue du point m :

$$J^2 = x''^2 + y''^2 + z''^2,$$

et J_1 son accélération relative par rapport aux axes $G\,x_1 y_1 z_1$,

$$J_1^2 = x_1''^2 + y_1''^2 + z_1''^2.$$

On a

$$x = \xi + x_1, \qquad y = \eta + y_1, \qquad z = \zeta + z_1.$$

Alors l'expression

$$S = \frac{1}{2}\Sigma m(x''^2 + y''^2 + z''^2) = \frac{1}{2}\Sigma m[(\xi'' + x_1'')^2 + (\eta'' + y_1'')^2 + (\zeta'' + z_1'')^2]$$

devient en tenant compte de ce que,

$$\Sigma m x_1 = 0, \qquad \Sigma m x_1'' = 0, \ldots,$$

$$S = \frac{1}{2}M J_0^2 + \frac{1}{2}\Sigma m J_1^2,$$

ce qu'on peut écrire

$$S = \frac{1}{2}M J_0^2 + S_1,$$

S_1 étant l'énergie d'accélération calculée dans le mouvement relatif autour de G; on a donc le théorème :

L'énergie d'accélérations S d'un système est égale à l'énergie d'accélérations qu'aurait la masse totale concentrée en son centre de gravité, plus l'énergie d'accélérations du système calculée dans le mouvement relatif du système autour de son centre de gravité.

12. Corps solide entièrement libre. — Dans un corps solide libre, on obtient la fonction S en appliquant le théorème du n° **11** analogue à celui de Kœnig. Le terme $S_1 = \Sigma m\, J_1^2$ relatif au mouvement du corps autour de son centre de gravité sera donné par la formule (25) relative au mouvement d'un solide autour d'un point fixe. On a alors

$$2S = MJ_0^2 + 2S_1,$$

Cette formule s'applique facilement au mouvement d'un corps homogène pesant de révolution assujetti à glisser sans frottement sur un plan fixe (**22**).

Elle permettra de même d'écrire les équations du mouvement d'un corps homogène pesant de révolution assujetti à rouler sans glisser sur un plan horizontal fixe.

13. Application à un corps solide qui se meut parallèlement à un plan fixe. — Dans l'étude du mouvement d'un solide autour d'un point fixe, on suppose essentiellement que ce point est à distance finie. S'il est à l'infini, le solide se meut parallèlement à un plan fixe. Prenons comme plan de la figure le plan de la courbe décrite par le centre de gravité. Soient, dans ce plan, deux axes fixes Ox et Oy, ξ et η les coordonnées de G. Il suffit évidemment de connaître le mouvement de la figure plane (P), section du corps par le plan xOy. Appelons alors θ l'angle que fait avec Ox un rayon GA invariablement lié à cette figure plane (P), et Mk^2 le moment d'inertie du corps par rapport à l'axe mené par G perpendiculairement au plan xOy.

Le mouvement du corps autour du centre de gravité G est une rotation autour d'un axe fixe dans le corps, la vitesse angulaire de rotation étant θ'. On a donc, pour la fonction S_1 calculée dans le mouvement du corps autour de G,

$$S_1 = \frac{Mk^2}{2}(\theta''^2 + \theta'^4).$$

Donc

$$S = \frac{M}{2}[\xi''^2 + \eta''^2 + k^2\theta''^2 + \ldots],$$

où il est inutile d'écrire les termes ne contenant pas les dérivées secondes.

D'autre part, si l'on appelle X_0, Y_0 les projections de la résultante générale des forces appliquées, et N_0 la somme des moments de ces forces par rapport à l'axe mené par G perpendiculairement au plan xOy, on a

$$\Sigma(X\,\delta x + Y\,\delta y + Z\,\delta z) = X_0\,\delta\xi + Y_0\,\delta\eta + N_0\,\delta\theta.$$

Le corps n'étant supposé soumis à aucune liaison, les paramètres ξ, η, θ sont indépendants et les équations de mouvement sont

$$\frac{\partial S}{\partial\xi''} = X_0, \qquad \frac{\partial S}{\partial\eta''} = Y_0, \qquad \frac{\partial S}{\partial\theta''} = N_0,$$
$$M\xi'' = X_0, \qquad M\eta'' = Y_0, \qquad Mk^2\theta'' = N_0.$$

On retrouve ainsi les équations que donnent immédiatement les théorèmes généraux.

Supposons le corps assujetti à une nouvelle liaison, que cette liaison soit exprimée par une relation en termes finis

$$f(\xi, \eta, \theta, t) = 0,$$

ou par une relation différentielle

$$A\,d\xi + B\,d\eta + C\,d\theta + D\,dt = 0,$$
$$A\,\delta\xi + B\,\delta\eta + C\,\delta\theta \qquad = 0,$$

A, B, C, D étant des fonctions de ξ, η, θ, t. On pourra alors exprimer η'' en fonction de ξ'' et θ'' par exemple, $\delta\eta$ en fonction de $\delta\xi$ et $\delta\theta$; par suite calculer S en fonction de ξ'' et θ'', rendre $\Sigma(X\,\delta x + Y\,\delta y + Z\,\delta z)$ linéaire et homogène en $\delta\xi$ et $\delta\theta$, puis égaler $\dfrac{\partial S}{\partial\xi''}$ au coefficient de $\delta\xi$ et $\dfrac{\partial S}{\partial\theta''}$ à celui de $\delta\theta$.

V. — REMARQUES D'ORDRE ANALYTIQUE.

14. **Quelques propriétés de la fonction S.** — Dans ce numéro nous supposons que les liaisons ne dépendent pas du temps

$$a_\mu = b_\mu = c_\mu = 0,$$

et que les coefficients $a_{\mu,\nu}$, $b_{\mu,\nu}$, $c_{\mu,\nu}$ dépendent uniquement de $q_1, q_2, \ldots, q_k$ et non de t. Alors il en est de même des coefficients de S.

D'après l'expression de S donnée plus haut

$$S = \frac{1}{2} \Sigma m (x''^2 + y''^2 + z''^2),$$

cette fonction bornée aux termes utiles est alors de la forme suivante :

$$(32) \qquad S = \varphi(q''_1, q''_2, \ldots, q''_n) + \psi_1 q''_1 + \psi_2 q''_2 + \ldots + \psi_n q''_n,$$

où φ est une forme quadratique des q''

$$\varphi(q''_1, \ldots, q''_n) = \Sigma \alpha_{ij} q''_i q''_j \qquad (\alpha_{ij} = \alpha_{ji}),$$

dont les coefficients α_{ij} sont supposés dépendre uniquement de q_1, $q_2, \ldots, q_k$, et où $\psi_1, \psi_2, \ldots, \psi_k$ sont des formes quadratiques en q_1, $q_2, \ldots, q_k$, dont les coefficients dépendent aussi de $q_1, q_2, \ldots, q_k$.

La demi-force vive du système

$$T = \frac{1}{2} \Sigma m (x'^2 + y'^2 + z'^2)$$

est une forme quadratique de $q'_1, q'_2, \ldots, q'_k$ dont les coefficients sont les mêmes que ceux de la forme φ, de sorte que

$$(34) \qquad T = \varphi(q'_1, q'_2, \ldots, q'_k) = \Sigma \alpha_{ij} q'_i q'_j;$$

ce fait résulte du calcul même des deux fonctions S et T. Pour simplifier l'écriture, nous ferons

$$\varphi(q''_1, q''_2, \ldots, q''_k) = \varphi_2,$$
$$\varphi(q'_1, q'_2, \ldots, q'_k) = \varphi_1,$$

alors

$$(35) \qquad \begin{cases} S = \varphi_2 + \psi_1 q''_1 + \psi_2 q''_2 + \ldots + \psi_k q''_k, \\ T = \varphi_1. \end{cases}$$

Comme il est facile de le vérifier, on a identiquement

$$(36) \qquad \frac{dT}{dt} = \frac{\partial S}{\partial q''_1} q'_1 + \frac{\partial S}{\partial q''_2} q'_2 + \ldots + \frac{\partial S}{\partial q''_k} q'_k.$$

Voyons ce que donne cette identité d'après les formes (35) de S et T :

elle devient

$$(37) \quad q'_1 \frac{\partial \varphi_2}{\partial q''_1} + q'_2 \frac{\partial \varphi_2}{\partial q''_1} + \ldots + q'_k \frac{\partial \varphi_2}{\partial q''_k} + \psi_1 q'_1 + \psi_2 q'_2 + \ldots + \psi_k q'_k$$

$$= q''_1 \frac{\partial \varphi_1}{\partial q'_1} + q''_2 \frac{\partial \varphi_1}{\partial q'_2} + \ldots + q''_k \frac{\partial \varphi_1}{\partial q'_k} + q'_1 \frac{\partial \varphi_1}{\partial q_1} + q'_2 \frac{\partial \varphi_1}{\partial q_2} + \ldots + q'_k \frac{\partial \varphi_1}{\partial q_k}.$$

Ici le deuxième membre est l'expression développée de $\frac{d\mathrm{T}}{dt}$, telle qu'elle résulte de ce fait que T dépend de t par l'intermédiaire de $q'_1, q'_2, \ldots, q'_k$, $q_1, q_2, \ldots, q_k$. Or la première partie du premier membre de (37) est identique à la première partie du second, d'après une propriété élémentaire des formes quadratiques. L'identité (37) se réduit donc à

$$(38) \quad \psi_1 q'_1 + \psi_2 q'_2 + \ldots + \psi_k q'_k = \frac{\partial \varphi_1}{\partial q_1} q'_1 + \frac{\partial \varphi_1}{\partial q_2} q'_2 + \ldots + \frac{\partial \varphi_1}{\partial q_k} q'_k.$$

Cette relation doit avoir lieu quels que soient $q_1, q_2, \ldots, q_k, q'_1,$ $q'_2, \ldots, q'_k$. Elle établit donc des relations nécessaires entre les coefficients des formes $\psi_1, \psi_2, \ldots, \psi_k$ et les coefficients α_{ij} de φ_1. Pour abréger l'écriture, nous désignerons par une seule lettre les deux membres de l'identité (38), en posant

$$(39) \quad \mathrm{E} = \frac{\partial \varphi_1}{\partial q_1} q'_1 + \frac{\partial \varphi_1}{\partial q_2} q'_2 + \ldots + \frac{\partial \varphi_1}{\partial q_k} q'_k = \psi_1 q'_1 + \psi_2 q'_2 + \ldots + \psi_k q'_k,$$

cette fonction E est une forme cubique en $q'_1, q'_2, \ldots, q'_k$.

15. Termes correctifs dans les équations de Lagrange. — L'identité (38) étant supposée remplie, cherchons une expression de la différence

$$(40) \qquad \Delta_1 = \frac{d}{dt}\left(\frac{\partial \mathrm{T}}{\partial q'_1}\right) - \frac{\partial \mathrm{T}}{\partial q_1} - \frac{\partial \mathrm{S}}{\partial q''_1}.$$

D'après les notations du n° 8 on a

$$\Delta_1 = \mathrm{R}_1 - \frac{\partial \mathrm{T}}{\partial q_1}.$$

Comme nous avons posé $\mathrm{T} = \varphi_1$, on a

$$\frac{d}{dt}\left(\frac{\partial \mathrm{T}}{\partial q'_1}\right) = \frac{\partial^2 \varphi_1}{\partial q'^2_1} q''_1 + \frac{\partial^2 \varphi_1}{\partial q'_1 \partial q'_2} q''_2 + \ldots + \frac{\partial^2 \varphi_1}{\partial q'_1 \partial q'_k} q''_k$$

$$+ \frac{\partial^2 \varphi_1}{\partial q'_1 \partial q_1} q'_1 + \frac{\partial^2 \varphi_1}{\partial q'_1 \partial q_2} q'_2 + \ldots + \frac{\partial^2 \varphi_1}{\partial q'_1 \partial q_k} q'_k,$$

car $\frac{\partial T}{\partial q'_1}$ ou $\frac{\partial \varphi_1}{\partial q'}$ dépend de t par l'intermédiaire de $q'_1, q'_2, \ldots, q'_k, q_1, q_2, \ldots, q_k$.

En explicitant la première ligne et tenant compte de l'expression de E, on peut écrire

$$\frac{d}{dt}\left(\frac{\partial T}{\partial q'_1}\right) = 2(\alpha_{11} q''_1 + \alpha_{12} q''_2 + \ldots + \alpha_{1k} q''_k) + \frac{\partial E}{\partial q'_1} - \frac{\partial \varphi_1}{\partial q_1}.$$

D'autre part,

$$\frac{\partial T}{\partial q_1} = \frac{\partial \varphi_1}{\partial q_1},$$

$$\frac{\partial S}{\partial q''_1} = 2(\alpha_{11} q''_1 + \alpha_{12} q''_2 + \ldots + \alpha_{1k} q''_k) + \psi_1.$$

La différence (40) appelée Δ_1 devient donc, après réduction,

$$\Delta_1 = \frac{\partial E}{\partial q'_1} - 2\frac{\partial \varphi_1}{\partial q_1} - \psi_1.$$

On a de même, en posant

$$\Delta_\nu = \frac{d}{dt}\left(\frac{\partial T}{\partial q'_\nu}\right) - \frac{\partial T}{\partial q_\nu} - \frac{\partial S}{\partial q''_\nu} = R_\nu - \frac{\partial T}{\partial q_\nu},$$

$$(41 \qquad \Delta_\nu = \frac{\partial E}{\partial q'_\nu} - 2\frac{\partial \varphi_1}{\partial q_\nu} - \psi_\nu.$$

Ceci posé, les équations du mouvement peuvent s'écrire

$$(42 \qquad \frac{d}{dt}\left(\frac{\partial T}{\partial q'_\nu}\right) - \frac{\partial T}{\partial q_\nu} = Q_\nu + \Delta_\nu \qquad (\nu = 1, 2, \ldots, k),$$

où le terme Δ_ν a pour expression la quantité (41). Ces quantités Δ_ν forment ce qu'on peut appeler les *termes correctifs* dans les équations de Lagrange. On voit que les équations de Lagrange pourront s'appliquer au système, si ces termes Δ_ν sont tous identiquement nuls. Ce fait se produit quand le système considéré est holonome et que les paramètres sont de véritables coordonnées.

Si le système n'est pas holonome, le mouvement du système est le même que celui d'un système holonome admettant même force vive $2T$ que le premier et sollicité par les « forces généralisées » :

$$Q_1 + \Delta_1, \quad Q_2 + \Delta_2, \quad \ldots, \quad Q_k + \Delta_k.$$

Le fait qu'un système non holonome et un système holonome peuvent avoir identiquement le même T se trouve démontré sur un exemple simple que nous avons donné dans le *Journal für die reine und angewandte Mathematik, Journal de Crelle*, t. 122, p. 205.

L'ordre d'un système non holonome, pour le choix des paramètres $q_1, q_2, \ldots, q_k$, est le nombre des Δ_ν qui sont différents de zéro.

Équation des forces vives : Vérification. — Les liaisons étant indépendantes du temps, l'équation des forces vives est

$$(43 \qquad \frac{dT}{dt} = Q_1 q'_1 + Q_2 q'_2 + \ldots + Q_k q'_k.$$

Pour déduire cette équation des équations (42) il faut multiplier la première de ces équations par q'_1, la deuxième par q'_2, etc., la dernière par q'_k et ajouter.

On obtient alors l'équation (43), parce qu'on a identiquement

$$(44) \qquad \Delta_1 q'_1 + \Delta_2 q'_2 + \ldots + \Delta_k q'_k = 0,$$

en d'autres termes les forces apparentes caractérisées par $\Delta_1, \Delta_2, \ldots, \Delta_k$ sont *gyroscopiques*, d'après la terminologie de Sir W. Thomson (44).

En effet, d'après les expressions (41) des quantités Δ_ν et la définition de E, on a

$$\Delta_1 q'_1 + \Delta_2 q'_2 + \ldots + \Delta_k q'_k = q'_1 \frac{\partial E}{\partial q'_1} + \ldots + q'_k \frac{\partial E}{\partial q'_k} - 3 E ;$$

mais E étant homogène et du troisième degré en $q'_1, q'_2, \ldots, q'_k$, le deuxième membre est nul identiquement, d'après le théorème des fonctions homogènes.

16. **Cas général.** — Si les liaisons dépendent du temps on peut poser encore

$$\Delta_\nu = \frac{d}{dt} \left(\frac{\partial T}{\partial q'_\nu} \right) - \frac{\partial T}{\partial q_\nu} - \frac{\partial S}{\partial q''_\nu}.$$

L'ordre du système non holonome pour le choix des paramètres $q_1, q_2, \ldots, q_k$ est encore le nombre des Δ_ν ($\nu = 1, 2, \ldots, k$) qui ne sont pas nuls (33).

VI. — La mise en équations d'un problème de dynamique ramenée a la recherche du minimum d'une fonction de second degré. Principe de la moindre contrainte de Gauss.

17. Problème de minimum d'une fonction du second degré. — Si l'on considère la fonction R qu'on peut appeler l'expression analytique de la contrainte

$$R = S - Q_1 q''_1 - Q_2 q''_2 - \ldots - Q_k q''_k,$$

R est une fonction du second degré de $q''_1, q''_2, \ldots, q''$. Les équations du mouvement s'écrivent

$$\frac{\partial R}{\partial q''_1} = 0, \qquad \frac{\partial R}{\partial q''_2} = 0, \qquad \ldots, \qquad \frac{\partial R}{\partial q''_k} = 0;$$

les valeurs de $q''_1, q''_2, \ldots, q''_k$, tirées de ces équations, rendent alors R maximum ou minimum. Comme R est une fonction de second degré de $q''_1, q''_2, \ldots, q''_k$ dans laquelle les termes du second degré constituent une forme quadratique définie positive, la fonction R est *minimum* pour les valeurs de q''_ν correspondant au mouvement. Il va de soi qu'on peut faire jouer le même rôle qu'à R, à toute fonction différant de R par des termes indépendants des q''_ν. D'après les expressions de $x''_\mu, y''_\mu, z''_\mu, \delta x_\mu, \delta y_\mu, \delta z_\mu$, cette fonction R a, en $q''_1, q''_2, \ldots, q''_k$, les mêmes termes que

$$S - \sum_\mu [X x''_\mu + Y y''_\mu + Z z''_\mu],$$

ou que

$$\frac{1}{2} \Sigma m J^2 - \Sigma F J \cos F J,$$

ou que

$$R_0 = \sum \frac{1}{m} [(m x'' - X)^2 + (m y'' - Y)^2 + (m z'' - Z)^2].$$

On peut donc dire que les accélérations que prend le système à chaque instant, accélérations caractérisées par les valeurs de $q''_1, q''_2, \ldots, q''_k$, rendent R_0 *minimum*. Si le système était libre, ce minimum serait évidemment *zéro*. S'il n'y avait pas de forces extérieures, R_0 se réduirait à S.

18. Principe de la moindre contrainte de Gauss. — D'après la traduction du mémoire de Gauss, le principe de la moindre contrainte s'énonce comme il suit :

« Le nouveau principe est le suivant :

» *Le mouvement d'un système de points matériels liés entre eux d'une manière quelconque et soumis à des influences quelconques se fait, à chaque instant, dans le plus parfait accord possible avec le mouvement qu'ils auraient s'ils devenaient tous libres, c'est-à-dire avec la plus petite contrainte possible, en prenant, pour mesure de la contrainte subie pendant un instant infiniment petit, la somme des produits de la masse de chaque point par le carré de la quantité dont il s'écarte de la position qu'il aurait prise, s'il eût été libre.*

» Soient m, m', m'' les masses des points ; a, a', a'' leurs positions respectives ; b, b', b'' les places qu'ils occuperaient après un temps infiniment petit dt, en vertu des forces qui les sollicitent et de la vitesse acquise au commencement de cet instant. L'énoncé précédent revient à dire que les positions c, c', c'' qu'ils prendront seront, parmi toutes celles que permettent les liaisons, celles pour lesquelles la somme

$$m\,\overline{bc}^{\,2} + m'\overline{b'c'}^{\,2} + m''\overline{b''c''}^{\,2} + \ldots$$

sera un minimum.

» L'équilibre est un cas particulier de la loi générale, il aura lieu lorsque, les points étant sans vitesse, la somme

$$m\,\overline{ab}^{\,2} + m'\overline{a'b'}^{\,2} + \ldots$$

sera un minimum, ou, en d'autres termes, lorsque la conservation du système de points dans l'état de repos sera *plus près* du mouvement libre que chacun tend à prendre, que tout déplacement possible qu'on imaginerait. »

Suit la démonstration du principe.

Les équations précédentes démontrent ce principe : elles en sont, peut-on dire, l'expression analytique. Mach, à la page 343 de son livre (11), parlant du principe de Gauss, considère l'expression

$$N = \sum m \left[\left(\frac{X}{m} - \xi\right)^2 + \left(\frac{Y}{m} - \eta\right)^2 + \left(\frac{Z}{m} - \zeta\right)^2 \right]$$

(ξ, η, ζ désignent les projections de l'accélération du point m) et cherche les conditions que doivent remplir ξ, η, ζ pour que N soit *minimum;* il retombe alors sur l'équation générale de la dynamique.

Dans l'édition allemande de l'*Encyclopédie des Sciences mathématiques* et à la page 84 de son article : *Die Prinzipien der rationnelle Mechanik*, A. Voss (28) procède comme il suit pour établir le principe de Gauss. La position c du point m a pour abscisse à l'instant $t + dt$

$$x + x' dt + \frac{x''}{1.2} dt^2 \, ;$$

la position b qu'il occuperait au même instant s'il devenait libre a pour abscisse

$$x + x' dt + \frac{X}{m} \frac{1}{1.2} dt^2.$$

La somme considérée par Gauss comme mesure de la contrainte

$$m\overline{bc}^2 + m\overline{b'c'}^2 + \ldots$$

est alors

$$\frac{1}{4} dt^4 \sum m \left[\left(x'' - \frac{X}{m} \right)^2 + \left(y'' - \frac{Y}{m} \right)^2 + \left(z'' - \frac{Z}{m} \right)^2 \right].$$

Or, cette somme est précisément

$$\frac{1}{4} dt^4 R_0.$$

Elle est minimum parmi tous les mouvements possibles, car les accélérations rendent R_0 minimum.

VII. — APPLICATIONS A LA PHYSIQUE MATHÉMATIQUE.

19. **Électrodynamique.** — Dans un volume de la « Collection Scientia » : *L'électricité déduite de l'expérience et ramenée au principe des travaux virtuels*, M. Carvallo étudie, d'après une théorie de Maxwell, l'application des équations de Lagrange aux phénomènes électrodynamiques. Il fait remarquer, à propos de la roue de Barlow, que ces équations ne sont pas toujours applicables aux phénomènes électrodynamiques, notamment dans le cas des conducteurs à deux ou à trois dimensions. Il observe que le phénomène de la roue de

Barlow dépend de trois paramètres θ, q_1, q_2, dont les variations arbitraires définissent le déplacement le plus général du système ; il indique que ces paramètres ne sont pas de véritables coordonnées et qu'à leur égard le système se comporte comme un cerceau à l'égard des trois paramètres θ, φ, et ψ (n° 2). Dans ces conditions, les équations de Lagrange ne sont pas applicables et si l'on peut espérer rattacher les équations de l'Électrodynamique à celles de la Mécanique analytique, il faut choisir une forme d'équations applicable à tous les systèmes, qu'ils soient holonomes ou non (19).

Pour la roue de Barlow, en employant la notation de Carvallo (*loc. cit.*. p. 76 à 80) les équations du mouvement sont :

$$I\theta'' - Kq_1'q_2' = Q,$$
$$L_1 q_1'' + K\theta'q_2' = E_1 - r_1 q_1',$$
$$L_2 q_2'' = E_2 - r_2 q_2',$$

où les seconds membres sont les forces généralisées que nous avons désignées précédemment par Q_1, Q_2, Q_3. Or les premiers membres de ces équations s'écrivent

$$\frac{\partial S}{\partial\theta''}, \quad \frac{\partial S}{\partial q_1''}, \quad \frac{\partial S}{\partial q_2''}$$

si l'on pose

$$S = \frac{1}{2}\left[I\theta''^2 + L_1 q_1''^2 + L_2 q_2''^2 + 2Kq_2'(\theta'q_1'' - q_1'\theta'') + \ldots\right],$$

les termes non écrits ne contenant plus de dérivées secondes des paramètres. Les équations du mouvement sont donc bien de la forme générale étudiée dans ce volume ; mais il serait important de savoir si cette fonction S, ainsi formée analytiquement, peut être obtenue directement par des considérations physiques comme étant l'énergie d'accélérations $S = \frac{1}{2}\Sigma m\, J^2$.

20. **Extension à la physique des milieux continus; application à la théorie des électrons.** — Dans ce numéro nous reproduirons presque *textuellement* une note de M. Guillaume, de Berne (24).

« On peut remarquer que si un système possède une énergie potentielle W, on a

$$\sum_{i=1}^{i=k} Q_i q_i'' = -W'' + U,$$

la somme Σ étant étendue aux paramètres dont dépend l'énergie
potentielle, U désignant un terme indépendant des q_i'' et Q_i les
forces dérivant du potentiel. Les forces restantes seront dites forces
extérieures au système et nous poserons

$$E = \sum_{i=k+1}^{i=n} Q_i q_i'' \, ,$$

la somme étant étendue à ces forces. S'il y a des équations de liaison
$L_j = 0$, on peut introduire, par une généralisation de la méthode des
multiplicateurs de Lagrange, comme le montre Poincaré dans ses
Leçons sur la théorie de l'élasticité, des fonctions λ_j, de telle façon
que $\sum_j \lambda_j L_j$ puisse être considéré comme une énergie potentielle
supplémentaire.

» Dans le cas particulier où l'énergie cinétique

$$T = \frac{1}{2} \Sigma\, m (x'^2 + y'^2 + z'^2)$$

est exprimée en coordonnées cartésiennes, on a

$$T' = \Sigma\, m (x' x'' + y' y'' + z' z''),$$
$$T'' = \Sigma\, m (x''^2 + y''^2 + z''^2) + \Sigma\, m (x' x''' + y' y''' + z' z''').$$

d'où l'on déduit

$$\frac{\partial S}{\partial x''} = \frac{1}{2} \frac{\partial T''}{\partial x''}.$$

» Alors l'expression

$$R = S - \sum_{\nu=1}^{\nu=k} Q_\nu q_\nu''$$

est remplacée par

$$(45) \qquad R = \frac{1}{2} T'' + W'' + \sum_j \lambda_j L_j - E.$$

» Si les coordonnées sont quelconques il faut écrire S á la place
de $\frac{1}{2} T''$. Il est après cela aisé d'écrire R pour les milieux continus.
Dans ce cas, au lieu du mouvement d'un point m, on considère celui
d'un élément $d\tau$ d'un certain volume V limité par une surface Σ. Les
fonctions S, T ou W deviennent des intégrales étendues au volume V.
Le terme relatif aux équations de liaison s'obtiendra en multipliant

les premiers membres de ces équations par $\lambda_j\, d\tau$, en les ajoutant et en les intégrant dans le volume V. Le terme E pourra donner à la fois une intégrale de volume et une intégrale de surface. En définitive R a la forme

$$R = \int\int\int \varphi_0\, d\tau + \int\int \psi_0\, d\sigma,$$

φ_0 et ψ_0 pouvant contenir les accélérations et leurs dérivées partielles. On explicitera ensuite les accélérations de façon à mettre R sous la forme

$$R = \int\int\int \varphi_1\, d\tau + \int\int \psi_1\, d\sigma,$$

où φ_1 et ψ_1 sont des polynomes du second ou du premier degré par rapport aux accélérations. Cette transformation est possible, si le système est mécanique. En variant les accélérations, on formera la variation δR qui doit être nulle quelles que soient les variations des accélérations. En annulant les coefficients de ces variations, on obtiendra les équations cherchées.

» *Application à la théorie des électrons.* — Maxwell, pour établir un lien mathématique entre la mécanique et les phénomènes électriques, se servait des équations de Lagrange : il supposait donc les systèmes correspondants holonomes, H. A. Lorentz (40) a repris et généralisé les idées de Maxwell : il a montré en particulier ce qui suit. Considérons l'énergie du champ magnétique

$$(46) \qquad T = \frac{1}{2} \int\int\int \mathfrak{h}^2\, d\tau$$

comme une énergie cinétique et l'énergie du champ électrique

$$(47) \qquad W = \frac{1}{2} \int\int\int \mathfrak{v}^2\, d\tau$$

comme une énergie potentielle, les vecteurs $\mathfrak{h}$ et $\mathfrak{d}$ satisfaisant à deux équations de liaison

$$(48) \qquad c\,\mathrm{rot.}\,\mathfrak{h} - \mathfrak{v}\,\mathrm{div.}\,\mathfrak{d} - \mathfrak{d}' = 0,$$
$$(49) \qquad \mathrm{div.}\,\mathfrak{h} = 0,$$

où $\mathfrak{v}$ désigne la vitesse de la matière et c celle de la lumière ; on peut alors, au moyen du principe de d'Alembert, établir l'équation fondamentale

$$(50) \qquad \mathrm{rot}.\, \mathfrak{d} = -\frac{1}{c}\, \mathfrak{h}'.$$

» La démonstration exige certaines restrictions dues à l'emploi des quantités d'électricité comme coordonnées et à l'introduction de tous les déplacements virtuels. Lorentz est ainsi conduit à définir une nouvelle classe de liaisons qu'il nomme *quasi holonomes* : il suppose qu'un système d'électrons appartient à cette classe. En partant de l'expression (45), on peut alors, étant données les équations (46), (47), (48), (49), établir l'équation (50), en supposant, d'une façon générale, le système non holonome

» En effet, conformément aux significations de T et de W, le champ magnétique $\mathfrak{h}$ est l'analogue d'une vitesse, sa dérivée $\mathfrak{h}'$ analogue d'une accélération, le champ électrique $\mathfrak{d}$ mesurera la déformation produisant l'énergie potentielle, sa dérivée première $\mathfrak{d}'$ sera la vitesse de variation de cette déformation et $\mathfrak{d}''$ en sera l'accélération ; l'équation (48) permet d'exprimer immédiatement $\mathfrak{d}''$ en fonction de $\mathfrak{h}'$, de sorte que nous n'aurons plus qu'une équation de liaison (49) à considérer. Appelons $\mathfrak{F}\, d\sigma$ la force agissant sur l'élément $d\sigma$, on a

$$R = \int\!\int\!\int \left[\frac{1}{2}\mathfrak{h}'^2 + c\,\mathfrak{d}\,\mathrm{rot}.\,\mathfrak{h}' - 2\lambda'\,\mathrm{div}.\,\mathfrak{h}' \right] d\tau$$

$$- \int\!\int \mathfrak{F}\,\mathfrak{h}'\, d\sigma + \ldots = \int\!\int\!\int \left[\frac{1}{2}\mathfrak{h}'^2 + c\,\mathfrak{h}'\,\mathrm{rot}.\,\mathfrak{d} + 2\,\mathfrak{h}'\,\mathrm{grad}.\,\lambda' \right]$$

$$- \int\!\int \left[c(\mathfrak{d}\mathfrak{h}')_n + \lambda'\,\mathfrak{h}' + \mathfrak{F}\,\mathfrak{h}' \right] d\sigma + \ldots$$

De l'intégrale de volume on tire

$$(51) \qquad \mathfrak{h}' = -c\,\mathrm{rot}.\,\mathfrak{d} - 2\,\mathrm{grad}.\,\lambda'.$$

» Pour déterminer λ', il suffit de former div. $\mathfrak{h}'$ en tenant compte de l'équation (49). On trouve alors que λ' doit être constant : son gradient est donc nul et l'équation (51) se réduit à l'équation cherchée (50). L'intégrale de surface permet de déterminer la force $\mathfrak{F}$; pour trouver la signification de celle-ci, il suffit de chercher le travail par unité de temps. On trouve en prenant la constante λ'

égale à zéro

$$\mathscr{F}\mathfrak{h} = -c\,[\mathfrak{v}\mathfrak{h}\,]_n,$$

c'est-à-dire le flux d'énergie de Poynting.

» Si, restant dans l'éther, on partait des mêmes équations, l'expression (45) permettrait de déterminer l'équation (48), privée de terme relatif à la matière. On met ainsi en évidence, d'une façon frappante, le dualisme si souvent constaté en électricité.

» La fécondité de la méthode proposée ici provient de ce que l'on substitue aux déplacements virtuels des accélérations virtuelles. Les quantités d'électricité n'entrent plus en jeu. Il n'est pas besoin de pénétrer dans le mécanisme du phénomène. De la possibilité d'établir pour la théorie des électrons, les expressions φ_1 et ψ_1, découle la possibilité d'une interprétation mécanique de cette théorie. Outre le principe de d'Alembert, on a essayé, surtout depuis Helmholtz, d'étendre le principe d'Hamilton à toute la Physique. Or ces principes s'appliquent mal à la théorie des électrons ; on est en droit de penser que le principe de M. Appell ainsi généralisé, pourra, dans nombre de cas tout au moins, leur être substitué avantageusement.

» On peut voir que les considérations ci-dessus s'étendent à la mécanique d'Einstein. Celui-ci a introduit la fonction (41)

$$H = -\,m_0 c \sqrt{1 - \frac{v^2}{c^2}}$$

pour former dans sa mécanique les équations de Lagrange et d'Hamilton. Il est aisé de voir que H est l'analogue de T dans la mécanique ordinaire. On a, en effet,

$$\frac{1}{2}\,\frac{\partial H''}{\partial v'} = \mathscr{F},$$

où $\mathscr{F}$ désigne une force, C'est l'équation fondamentale du mouvement dans la mécanique nouvelle. La fonction R s'obtiendra en remplaçant T'' par H'' dans l'expression (45). »

VIII. — LIAISONS NON LINÉAIRES PAR RAPPORT AUX VITESSES.

21. Possibilité de liaisons non linéaires. — Hertz a montré dans sa Mécanique (10) que les liaisons s'expriment par des relations linéaires. Mais il est possible que certaines masses ou certaines grandeurs géométriques tendant vers zéro, un ensemble de liaisons linéaires fournisse à la limite une liaison non linéaire imposée à un point d'un système. On peut alors appliquer aux mouvements correspondants les équations générales précédentes. C'est ce que j'ai fait en 1911 dans une Note des *Comptes rendus* (25), puis dans deux articles des *Rendiconti del Circolo Matematico di Palermo* (25-2).

M. Delassus, professeur à la la Faculté des Sciences de Bordeaux, a consacré, à une étude générale de la question, d'importantes Notes insérées en 1911 aux *Comptes rendus de l'Académie des Sciences de Paris* (26), et plusieurs Mémoires *sur les liaisons et les mouvements des systèmes matériels*, imprimés dans les *Annales de l'École Normale supérieure* (27). Dans une lettre qu'il m'a adressée en 1911, M. le professeur Hamel, de Brünn, sans connaître les recherches de M. Delassus, a signalé également les difficultés qui peuvent se présenter dans le passage à la limite.

M. Delassus a appelé « mouvements étudiés par M. Appell » ou « mouvements abstraits » les mouvements obtenus en étendant le principe du minimum de la fonction

$$R = \sum \left[\frac{m}{2} (x''^2 + y''^2 + z''^2) - (X x'' + Y y'' + Z z'') \right]$$

aux liaisons non linéaires. Dans sa Note des *Comptes rendus* du 16 octobre 1911 (26), il a donné la réalisation de ces mouvements comme mouvements limites au moyen des *réalisations à tendance parfaite*. Par exemple, L étant la liaison

$$(L) \qquad\qquad x'^2 + y'^2 = z'^2,$$

M. Delassus considère une liaison linéaire L', contenant des constantes arbitraires, donnant, entre x', y', z', l'unique relation

$$x'^2 + y'^2 = z'^2,$$

mais fournissant entre x'', y'', z'' des relations supplémentaires qui disparaissent à la limite.

Dans ce qui suit, mon point de vue est différent : pour arriver à la réalisation limite de la liaison L, je considère une liaison linéaire L'', contenant une constante arbitraire ρ, *qui ne donne aucune relation entre x', y', z', mais qui, à la limite $\rho = 0$, fournit la relation* (L).

Du point de vue mécanique, ces deux conceptions sont bien distinctes.

C'est ce procédé de passage à la limite que je vais exposer sur un exemple. On trouvera des exemples de l'autre point de vue dans les publications de M. Delassus (26 et 27).

22. **Exemple**. — Imaginons une roulette de fauteuil roulant sans glisser sur le plan horizontal x y. Le pied du fauteuil est en EI; la roulette tourne autour d'un axe horizontal C porté par une fourche CD entourant le pied d'un collier D : ce collier peut tourner librement autour du pied, de telle façon que, quand on veut pousser le fauteuil dans une certaine direction, la roulette tourne autour du pied et se place dans le plan vertical de cette direction. Le système n'oppose ainsi aucune résistance au déplacement dans une direction quelconque.

Pour arriver maintenant à notre mécanisme, il faut supposer une seule roulette et un seul pied EI assujetti, par des tiges latérales reposant sur le sol sans frottement de glissement, à rester vertical ; une tige verticale TM glisse sans frottement dans le pied ; elle est action-

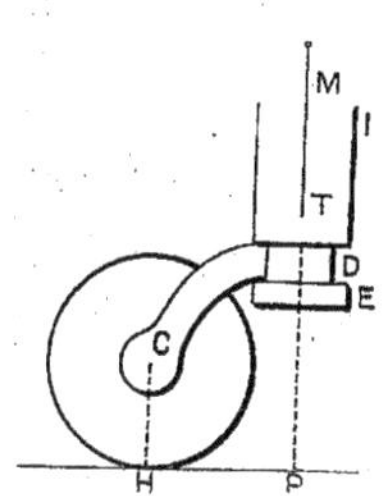

née par la roulette, à l'aide d'une transmission facile à imaginer, de telle façon qu'elle s'élève ou s'abaisse d'une longueur proportionnelle à l'angle φ dont tourne la roulette, dans un sens ou dans l'autre. Cette tige porte à son extrémité un point M, de masse m, de coordonnées rectangulaires x, y, z, sur lequel agit une force quelconque F. C'est ce système qui donne, comme limite, une liaison quadratique de la forme

$$\delta z^2 = k^2 (\delta x^2 + \delta y^2),$$

où k désigne une constante, quand on suppose : 1° que toutes les masses, sauf celle de M, deviennent d'abord nulles; 2° que la distance HP du centre C de la roulette à la tige TM tende ensuite vers zéro.

En effet, dans ce cas limite, si la roulette tourne de $\delta\varphi$, son centre C subit, en projection sur le plan horizontal xOy, un déplacement δx, δy, tel que

$$\sqrt{\overline{\delta x^2 + \delta y^2}} = a\,\delta\varphi,$$

a désignant le rayon de la roulette; d'autre part, le point M subit un déplacement vertical proportionnel à $\delta\varphi$.

$$\delta z = b\,\delta\varphi;$$

on a donc

$$\delta z^2 = k^2(\delta x^2 + \delta y^2), \qquad k^2 = \frac{b^2}{a^2}.$$

Avant de passer à la limite, on a un système à liaisons linéaires à deux paramètres x et y, auquel on peut appliquer les équations générales qui consistent à écrire que, dans le mouvement, les valeurs des accélérations sont celles qui rendent minimum la fonction

$$R = \sum \left[\frac{m}{2}(x''^2 + y''^2 + z''^2) - (X x'' + Y y'' + Z z'') \right].$$

Écrivant ces équations et passant à la limite susdite dans l'ordre indiqué, on trouve, pour le mouvement de M, les équations qui expriment que la fonction

$$\frac{1}{2}m(x''^2 + y''^2 + z''^2) - (X x'' + Y y'' + Z z'')$$

est minimum, quand x'', y'', z'' sont liés par la relation

$$k^2(x' x'' + y' y'') - z' z'' = 0$$

obtenue par dérivation de l'équation de liaison

$$k^2(x'^2 + y'^2) - z'^2 = 0.$$

Ces équations sont, en employant pour le minimum la méthode des multiplicateurs de Lagrange,

$$m x'' = X + \lambda k^2 x',$$
$$m y'' = Y + \lambda k^2 y',$$
$$m z'' = Z - \lambda z'.$$

La force de liaison, de projections $\lambda k^2 x'$, $\lambda k^2 y'$, $-\lambda z'$ est perpendiculaire en M, au plan tangent au cône de sommet M défini par l'ensemble des déplacements virtuels

$$\delta z^2 = k^2 (\delta x^2 + \delta y^2),$$

le plan étant tangent le long du déplacement réel dx, dy, dz.

Le travail de cette force de liaison est nul dans le déplacement réel : *il ne l'est pas pour un déplacement virtuel compatible avec la liaison.*

Faisons le calcul que nous venons d'indiquer. Appelons, dans le système de la figure : x, y, z les coordonnées de M ; ξ, η celles du centre C de la roulette, le z de ce point étant constant ; ρ la distance HP ; θ l'angle de HP avec Ox. On a alors

$$x = \xi + \rho \cos\theta, \qquad y = \eta + \rho \sin\theta.$$

Les déplacements virtuels sont définis par les relations

$$\delta\xi = a \cos\theta \, \delta\varphi, \qquad \delta\eta = a \sin\theta \, \delta\varphi,$$
$$\delta x = a \cos\theta \, \delta\varphi - \rho \sin\theta \, \delta\theta,$$
$$\delta y = a \sin\theta \, \delta\varphi + \rho \cos\theta \, \delta\theta,$$
$$\delta z = b \, \delta\varphi,$$

Le déplacement réel est assujetti aux conditions suivantes :

$$\xi' = a \cos\theta\varphi', \qquad \eta' = a \sin\theta\varphi',$$
$$x' = a \cos\theta\varphi' - \rho \sin\theta\theta',$$
$$y' = a \sin\theta\varphi' + \rho \cos\theta\theta',$$
$$z' = b \varphi';$$

puis

$$(52) \qquad \left\{ \begin{array}{l} \xi'' = a \cos\theta \, \varphi'' - a \sin\theta \, \varphi'\theta', \\ \eta'' = a \sin\theta \, \varphi'' + a \cos\theta \, \varphi'\theta'; \end{array} \right.$$
$$x'' = (a \varphi'' - \rho \theta'^2) \cos\theta - (\rho \theta'' + a \varphi'\theta') \sin\theta,$$
$$y'' = (a \varphi'' - \rho \theta'^2) \sin\theta + (\rho \theta'' + a \varphi'\theta') \cos\theta,$$
$$z'' = b \varphi'';$$

d'où l'on tire

$$(53) \qquad \left\{ \begin{array}{l} a \varphi'' - \rho \theta'^2 = x'' \cos\theta + y'' \sin\theta, \\ \rho \theta'' + a \varphi'\theta' = - x'' \sin\theta + y'' \cos\theta. \end{array} \right.$$

L'énergie d'accélérations S du système se compose de l'énergie S_1

de la roulette et de l'énergie S_2 du point M, en négligeant de suite la masse de la tige et celle de la pièce CD :

$$S = S_1 + S_2.$$

Or on a, d'après ce qui précède,

$$2 S_1 = \mu(\xi''^2 + \eta''^2) + A\,\theta''^2 + B\,\varphi''^2 + \dots,$$

en appelant μ la masse totale de la roulette, A et B ses moments principaux d'inertie relatifs à son centre; puis

$$2 S_2 = m(x''^2 + y''^2 + z''^2);$$

comme $z'' = b\varphi''$, on a, d'après (52),

$$2 S = (\mu a^2 + B + m b^2)\,\varphi''^2 + A\,\theta''^2 + m(x''^2 + y''^2) + \dots,$$

ou, en remplaçant φ'' et θ'' par leurs expressions tirées de (53),

$$(54) \qquad 2 S = \frac{\mu a^2 + B + m b^2}{a^2}(x'' \cos\theta + y'' \sin\theta + \rho\theta'^2)^2$$
$$+ \frac{A}{\rho^2}(x'' \sin\theta - y'' \cos\theta + a\,\varphi'\theta')^2 + m(x''^2 + y''^2) + \dots,$$

les termes non écrits ne contenant plus de dérivées secondes.

Faisons maintenant agir sur le point M une force de projections X, Y, Z; le travail élémentaire de cette force, pour un déplacement virtuel, est

$$X\,\delta x + Y\,\delta y + Z\,\delta z,$$

où

$$\delta z = b\,\delta\varphi = \frac{b}{a}(\delta x \cos\theta + \delta y \sin\theta),$$
$$\delta z = k(\delta x \cos\theta + \delta y \sin\theta);$$

le travail virtuel est donc

$$(X + kZ\cos\theta)\,\delta x + (Y + kZ\sin\theta)\,\delta y.$$

Les équations du mouvement sont alors

$$(55) \qquad \begin{cases} \dfrac{\partial S}{\partial x''} = X + kZ\cos\theta, \\[2mm] \dfrac{\partial S}{\partial y''} = Y + kZ\sin\theta. \end{cases}$$

Passons maintenant à la limite, en faisant tendre la masse μ de la roulette et ρ vers zéro. Les coefficients B et A tendent aussi vers zéro. Mais, c'est ici que l'indétermination, signalée autrement par M. Delassus dans le cas général, apparaît. Si A et ρ tendent vers zéro, en même temps, la valeur limite de S dépend de la façon dont se comporte $\dfrac{A}{\rho^2}$. Nous faisons en sorte que $\dfrac{A}{\rho^2}$ tende vers *zéro*. Alors S tend vers la limite

$$S = \frac{1}{2} mk^2 (x'' \cos\theta + y'' \sin\theta)^2 + \frac{1}{2} m(x''^2 + y''^2) + \dots$$

Les équations du mouvement conservent la forme (55) : elles sont donc

$$mk^2(x'' \cos\theta + y'' \sin\theta)\cos\theta + mx'' = X + kZ\cos\theta,$$
$$mk^2(x'' \cos\theta + y'' \sin\theta)\sin\theta + my'' = Y + kZ\sin\theta.$$

D'autre part, on a alors

$$x' = a\cos\theta\,\varphi', \qquad y' = a\sin\theta\,\varphi', \qquad z' = b\varphi',$$
$$z'^2 = k^2(x'^2 + y'^2), \qquad k = \frac{b}{a}.$$

Ces équations sont identiques aux équations fournies par le principe du minimum de R, comme on le voit en remarquant que

$$x'' \cos\theta + y'' \sin\theta = a\varphi'' = \frac{z''}{k},$$
$$\cos\theta = k\frac{x'}{z'}, \qquad \sin\theta = k\frac{y'}{z'}$$

et en posant

$$\frac{Z - mz''}{z'} = \lambda.$$

IX. — Remarques sur les systèmes non holonomes soumis a des percussions ou animés de mouvements très lents.

23. **Application des équations de Lagrange dans le cas des percussions.** — MM. Beghin et Rousseau montrent dans un Mémoire du *Journal de Mathématiques* (30), que la forme des équations de la théorie des percussions, que j'avais déduite des équations de Lagrange pour les systèmes holonomes, s'applique encore aux systèmes non holonomes, quoique les équations de Lagrange soient alors en défaut.

On peut établir ce résultat par une voie analogue à celle que j'ai indiquée au n° 15. Prenons les équations du mouvement d'un système quelconque sous la forme du n° 15 :

$$(56) \qquad \frac{d}{dt}\left(\frac{\partial T}{\partial q'_\nu}\right) - \frac{\partial T}{\partial q_\nu} = Q_\nu + \Delta_\nu \qquad (\nu = 1, 2, \ldots k),$$

Les Δ_ν sont des termes correctifs dépendant seulement de $q_1, q_2, \ldots, q_k, q'_1, q'_2, \ldots, q'_k$ et du temps ; ces termes correctifs étant *nuls* si le système est holonome. Mais alors, si des percussions ont lieu pendant l'intervalle très court $t_1 - t_0$, nous multiplierons les deux termes de l'équation (56) par dt et nous intégrerons de t_0 à t_1. Les intégrales de $\frac{\partial T}{\partial q_\nu}dt$ et $\Delta_\nu dt$ seront négligeables, car les q_ν et les q'_ν restent finis et les équations donneront

$$\left(\frac{\partial T}{\partial q'_\nu}\right)_1 - \left(\frac{\partial T}{\partial q'_\nu}\right)_0 = \int_{t_0}^{t_1} Q_\nu \, dt.$$

Ce sont précisément, à la différence des notations près, les équations dont on peut déduire celles de MM. Beghin et Rousseau (48).

24. Cas des mouvements très lents. — On peut faire une remarque du même genre, pour l'application des équations de Lagrange, aux mouvements très lents d'un système non holonome à liaisons indépendantes du temps.

Si le mouvement est très lent, les vitesses sont très petites ; par conséquent, les quantités $q'_1, q'_2, \ldots, q'_k$ restent très petites. Supposons alors qu'on néglige les carrés et les produits de ces quantités : les termes Δ_ν qui figurent dans les équations (56), étant des formes quadratiques de $q'_1, q'_2, \ldots, q'_k$, sont *négligeables* et les équations approchées prennent la forme

$$\frac{d}{dt}\left(\frac{\partial T}{\partial q'_\nu}\right) - \frac{\partial T}{\partial q_\nu} = Q_\nu$$

où il restera à supprimer les termes du deuxième degré en $q'_1, q'_2, \ldots, q'_k$.

Dans ce cas, les équations de Lagrange fournissent donc des équations approchées du mouvement, quoique cette forme d'équations ne soit pas rigoureusement applicable.

INDEX BIBLIOGRAPHIQUE.

1. Gauss. — *Journal de Crelle*, t. IV, 1829; *Werke*, t. V, p. 23.
2. Lagrange. — *Mécanique analytique*, 3e édition, revue, corrigée et annotée par M. J. Bertrand (Paris, Mallet-Bachelier, t. I, 1853; t. II, 1855).
3. Ritter. — Ueber das Prinzip des kleinsten Zwanges (*Diss. Göttingen*, 1853).
4. Reuschle. — D. (*Archiv. f. Math. Physik*, t. VI, 1845, p. 238).
5. Scheffler. — Ueber das Gaussche Grundgesatz der Mechanik (*Zeitschrift f. Math. Phys.*, t. III, 1853, p. 197).
6. Ferrers. — *Quarterly Journal of Mathematics*.
7. Buckendahl. — Ueber das Prinzip des kleinsten Zwanges (*Diss. Göttingen*, 1873).
8. Schell. — *Mechanik*, t. II.
9. Mayer. — Ueber die Aufstellung der Differentialgleichungen der Bewegung reibenslosen Punktsysteme (*Leipzig Berichte*, t. 51, 1899, p. 224 et 245).
10. Hertz. — *Gesammelte Werke*, Bd III. *Die Prinzipien der Mechanik* (Leipzig, 1892).
11. Ernst Mach. — *La Mécanique*, Exposé historique et critique de son développement. Ouvrage traduit sur la quatrième édition allemande par Emile Bertrand, professeur à l'École des Mines du Hainaut et à l'Institut des Hautes Études de Bruxelles, avec une Introduction de M. Émile Picard, Membre de l'Institut (Paris, Hermann, 1904).
12. Hadamard. — Sur les mouvements de roulement. Sur certains systèmes d'équations aux dérivées partielles (*Mémoires de la Société des Sciences physiques et naturelles de Bordeaux*, t. V, 4e série, 1895).

Ces deux Notes sont réimprimées à la fin de l'Ouvrage suivant :

13. Appell. — *Les mouvements de roulement en dynamique* (Collection Scientia, Gauthier-Villars, 1899).
14. Slesser. — *Quarterly Journal of Mathematics*, (1866).
15. Routh. — *Advanced rigid dynamics* (Mac Millan and C°, 1884).
16. Carvallo. — Théorie du mouvement du monocycle et de la bicyclette (Mémoire présenté au concours du prix Fourneyron de l'Académie des Sciences de Paris en 1898) (*Journal de l'École Polytechnique*, cahier V, 1900, et cahier VI, 1901).
17. Korteweg. — Ueber eine ziemlich verbreitete Gehandlungsweise eines Problemes der rollende Bewegung, und insbesondere ueber kleine rollende Schwingungen um eine Gleichgewichtslage (*New Archief vor Wiskunde*, 1899).
— Extrait d'une lettre à M. Appell (*Rendiconti del Circolo mathematico di Palermo*, t. XIV, 1900, p. 7-8).
18. Appell. — Sur l'intégration des équations du mouvement d'un corps pesant

46   PAUL APPELL.

de révolution roulant par une arête circulaire sur un plan horizontal,
cas du cerceau (*Rendiconti*, t. XIV, 1900).

— Sur les équations de Lagrange et le principe d'Hamilton (*Bulletin de la Société
mathématique*, t. XXVI, 1898).

19. Appell. — Sur les mouvements de roulement; équations analogues à celles
de Lagrange (*Comptes rendus*, t. 129, 1899, p. 317-320).

— Sur une forme générale des équations de la dynamique (*Comptes rendus*,
t. 129, 1899, p. 423-427 et 459-460).

— Développements sur une forme nouvelle des équations de la dynamique
(*Journal de Mathématiques*, 5e série; t. VI, 1900, p. 5-40).

— Remarques d'ordre analytique sur une nouvelle forme des équations de la
dynamique (*Journal de Mathématiques*, 5e série, t. VII, 1901, p. 5-12).

— Sur une forme générale des équations de la dynamique (*Journal de Crelle*,
t. 121, 1900, p. 310-319).

— Sur une forme générale des équations de la dynamique et sur le principe de
Gauss (*Journal de Crelle*, t. 122, 1900, p. 205-208).

20. A. de Saint-Germain. — Sur la fonction S introduite par M. Appell dans
les équations de la dynamique (*Comptes rendus*, t. 130, 1900, p. 1174-1177).

21. Dautheville. — Sur les systèmes non holonomes (*Bulletin de la Société
mathématique*, t. XXXVII, 1909, p. 120-132).

22. Appell. — *Traité de Mécanique rationnelle*, t. II, Dynamique des systèmes,
mécanique analytique, éditions à partir de la troisième incluse, 1911.

23. Appell. — Aperçu sur l'emploi possible de l'énergie d'accélérations dans les
équations de l'électrodynamique (*Comptes rendus*, t. 154, 1912, p. 1037-1040).

— Les équations du mouvement d'un fluide parfait déduites de la considération
de l'énergie d'accélération (*Annali di Matematica pura ed applicata*,
3e série, t. XX, 1912, p. 37-43).

24. Edouard Guillaume. — Sur l'extension des équations mécaniques de
M. Appell à la Physique des milieux continus; application à la théorie
des électrons (*Comptes rendus*, t. 156, 1913, p. 875-879).

25. Appell. — Sur les liaisons exprimées par des relations non linéaires entre
les vitesses (*Comptes rendus*, t. 152, 1911, p. 1197-1199).

— Exemple de mouvement d'un point assujetti à une liaison exprimée par une
relation non linéaire entre les composantes de la vitesse (*Rendiconti
del Circolo matematico di Palermo*, t. 32, 1911).

— Sur les liaisons non linéaires par rapport aux vitesses (*Rendiconti*, t. 33,
1912).

26. E. Delassus. — Sur la réalisation matérielle des liaisons (*Comptes rendus*,
t. 152, 1911, p. 1739-1743).

— Sur les liaisons non linéaires (*Comptes rendus*, t. 153, 1911, p. 626-628).

— Sur les liaisons non linéaires et les mouvements étudiés par M. Appell (*Comptes
rendus*, t. 153, 1911, p. 707-710).

— Sur les liaisons d'ordre quelconque des systèmes matériels (*Comptes rendus*,
t. 154, 1912, p. 964-967).

27. E. Delassus. — Sur les liaisons et les mouvements (*Annales de l'École Normale supérieure*, t. XXIX, 1912, p. 305-370).
— Sur les liaisons et les mouvements (*Annales de l'École Normale supérieure*, t. XXX, 1913, p. 489-520).
28. Voss. — Bemerkungen über die Prinzipien der Mechanik (*Munchener Berichte*, 1901).
— Die Prinzipien der rationnellen Mechanik (*Encyclopädie der Mathematischen Wissenschaften*, t. IV, 1901, p. 3-121).
29. Beghin. — Étude théorique des compas gyrostatiques Anschutz et Sperry (*Comptes rendus*, t. 173, 1921, p. 288-290).
— Étude théorique des compas gyrostatiques Anschutz et Sperry (*Thèse* n° 1727. Paris, 1922).
— Sur un nouveau compas gyrostatique (en collaboration avec M. Monpais) (*Comptes rendus*, t. 177, 1923): Le dispositif amortisseur est basé sur la théorie de l'asservissement.
30. Beghin et Rousseau. — Sur les percussions dans les systèmes non holonomes (*Journal de Mathématiques pures et appliquées*, 5e série, t. IX, 1903).
31. Appell. — Emploi des équations de Lagrange dans la théorie du choc et des percussions (*Journal de Mathématiques*, 5e série, t. II, 1896).
— Remarques sur les systèmes non holonomes (*Journal de Mathématiques*, 5° série, t. IX, 1903).
32. Appell. — Sur une application élémentaire d'une méthode générale donnant les équations du mouvement d'un système (*Nouvelles Annales de Mathématiques*, 4e série, t. XIX, 1919).
33. Appell. — Sur l'ordre d'un système non holonome (*Comptes rendus*, t. 179, 1924, p. 549-550).
34. Phillip Jourdain. — On the general Equations of Mechanics (*Quarterlfi Journal of Mathematics*, 1904, p. 61-79).
— The derivation of the generalised coordinaten from the Principle of least Action and allied Principles (*Math. Annalen*, t. 62, 1906, p. 413-418).
— On the Principles of Mechanics with depend upon Processus of variation (*Math. Annalen*, t. 6'5, 1908, p. 513-527).
35. Réthy. — Ueber das Prinzip der Aktion und ueber die Klasse mechanischer Principien, der es angehört (*Math. Annalen*, t. 58, 1901, p. 149-194).
36. Hamel. — Ueber die Grundlagen der Mechanik (*Math. Annalen*, t. 66, 1909, p. 350-397).
37. Hamel. — Die Lagrange-Eulerschen Gleichungen der Mechanik (*Zeitschrift für Mathematik und Physik*, t. 50, § 5 et 7).
— Ueber die virtuellen Verschiebungen in der Mechanik (*Math.Annalen*, t. 59, 1904, § 1, 2 et 3).
38. Poincaré. — Sur une forme nouvelle des équations de la Mécanique (*Comptes rendus*, t. 132, 1901, p. 369-371).
39. Volterra. — Sopra una classe di equationi dinamisc e *Atti delle R. Accademia delle Scien ie di Torino*, vol. 33, 1897, p. p. 255.
— Sulla integrazione di una classe di equationi dinamische (*ibid.*, p. 342).
— Sopra una classe di moti permanenti stabili (*ibid.*, vol. 3', 1898, p. 123).

— Sugli integrali lineari dei moti spontanei a caratteristiche independenti (*Ibid.*, vol. 35, 1899, p. 112).

— Errata-corrige (*Ibid.*. p. 118).

40. H.-A. Lorentz. — *Archives Néerlandaises*, t. XXV, 1892, et *Encyclopädie des mathematisches Wissenschaften*, V_2, 1904.

41. Einstein. — *Jahrbuch der Radioactivität und Elektronik*, Band IV, Heft 4.

42. Appell. — Sur les liaisons cachées et les forces gyroscopiques apparentes (*Comptes rendus*, t. 162, 1916, p. 27-29).

43. Jouguet. — *Lectures sur la Mécanique*. 1 volume (Gauthier-Villars, 1924).

44. Sir William Thomson. — *Treatise on Natural Philosophy*, t. I, Part I, new Edition, Cambridge 1879, p. 391-415.

45. L. Roy. — Sur le théorème de la moindre contrainte, de Gauss (*Comptes rendus*, t. 176, 1023, p. 1206).

46. I. Tzénoff. — Sur les équations générales du mouvement des systèmes matériels non holonomes (*Journal de Mathématiques*, t. III, 8ᵉ série, 1920, p. 245 à 263).

— *Ibid.*, *Matematis.he Annalen*, t. 91, 1924.

47. Hamel. — Ueber nicht holonome Systeme (*Math. Annalen*, t. 92, 1924).

48. Tzénoff. — Percussions appliquées aux systèmes matériels (*Math. Annalen*, t. 92, 1924).

49. Félix Apraiz. — L'éther existe, et les phénomènes électromagnétiques sont purement mécaniques (Gauthier-Villars, 1920).

TABLE DES MATIÈRES.

PARIS. — IMPRIMERIE GAUTHIER-VILLARS ET Cᵗᵉ,

Quai des Grands-Augustins, 55.

74162 - 24

9 782329 033648